全国高等农林院校"十三五"规划教材
中华农业科教基金教材建设研究项目NKJ201502005

普通化学实验

胡春燕　李艳霞　主编

U0301653

中国农业出版社

内容简介

　　本书是中华农业科教基金教材建设研究项目"普通化学课程的研究和教材建设"的成果之一。

　　本书是与高等农林院校农、林、生物等专业本科生开设的普通化学课程配套使用的实验教材。全书包括3个部分：普通化学实验基本知识和基本操作技能、普通化学实验内容、附录。全书共分5章，编入了17个实验，内容包括：基本操作训练、重要数据测定的原理和方法、物质化学性质的验证、无机物的制备与提纯、综合设计实验等。全书力求理论联系实际，通过普通化学实验使学生得到化学实验的基本训练，从而有效地培养学生动手能力和分析、解决问题的能力，同时提高学生学习化学的兴趣。

　　本书可作为高等农林院校农、林、生物等专业本科生普通化学实验教材，也可供相关化学工作者学习、参考。

主　编　胡春燕　李艳霞

副主编　谭桂霞　龙小艺　孙婷婷　袁厚群

编　者（按姓名汉语拼音排序）

　　　　龚　霞　胡春燕　李　跑　李生泉

　　　　李艳霞　龙小艺　孙婷婷　谭桂霞

　　　　肖　伟　熊友发　袁厚群　张恒松

　　　　张元红　钟盛华　周德红

前　言

　　本书是中华农业科教基金教材建设研究项目"普通化学课程的研究和教材建设"的成果之一。

　　本书根据普通化学实验教学的基本要求，结合普通化学实验最新教学动态，根据编者多年的教学经验编写而成。

　　普通化学实验是高等农林院校普通化学课程的重要组成部分，是培养学生独立操作、观察、记录、分析归纳、撰写实验报告等多方面能力的极为重要的环节。

　　全书包括三个部分：第一部分为普通化学实验基本知识和基本操作技能，详细介绍了普通化学实验的学习目的和学习方法、实验室规则、实验室安全知识、实验结果的表达与数据处理、常用仪器简介及基本操作技能等。第二部分为普通化学实验项目，共选编了17个实验，包括基础性实验、应用性实验和设计性实验三大类，内容涵盖了重要数据测定的原理和方法、物质化学性质的验证、无机物的制备与提纯。第三部分为附录，共编入10个附录，便于读者查阅相关的数据和信息。在编写本书时，编者力求做到简明扼要，由浅入深，便于学生自学及预习。

　　本书由江西农业大学胡春燕、李艳霞担任主编，由江西农业大学谭桂霞、龙小艺、孙婷婷、袁厚群担任副主编。参加编写的还有江西农业大学龚霞、钟盛华、熊友发、张恒松、肖伟，珠海城市职业技术学院周德红，山西农业大学李生泉，湖南农业大学李跑，山东农业大学张元红。

中国农业出版社和中华农业科教基金会对本书的顺利出版给予了大力支持，作者在此表示衷心的感谢！在本书的编写过程中，参考了大量的高等学校的教材，引用了部分文献的图表，在此对这些参考文献的作者表示衷心的感谢！

　　由于编者水平有限，书中难免有疏误之处，敬请专家、同行和使用本教材的同学们批评指正。

编　者

2015 年 12 月

目 录

前言

第一部分 普通化学实验基本知识和基本操作技能

第二部分 普通化学实验内容

第三部分　附　　录

第一部分 >>>

普通化学实验基本知识和基本操作技能

第1章 普通化学实验基本知识

1.1 绪论

1.1.1 普通化学实验学习目的

普通化学课程是高等农林院校农、林、生物等专业本科生必修的一门重要基础课，而普通化学实验是普通化学课程不可缺少的重要组成部分，是培养学生独立操作、观察、记录、分析归纳、撰写实验报告等多方面能力的极为重要的环节，通过实验，我们要达到以下几个目的：

（1）通过实验验证理论课中讲授的重要理论和概念，加深对基本概念和理论知识的理解和掌握。

（2）通过实验训练，使学生正确掌握一定的实验操作技能，学习一些化学实验仪器的操作方法，有效地培养学生的动手能力和创新能力。

（3）培养学生独立分析问题、解决问题的能力。在化学实验全过程中，通过独立查阅资料，设计实验方案，动手进行实验，观察实验现象，测定实验数据，正确处理实验数据和表达实验结果等教学环节，使学生得到化学实验全过程的基本训练，从而培养学生基本的分析问题和解决问题的能力。

1.1.2 普通化学实验学习方法

为了达到普通化学实验学习的目的，学生应具有严谨的学习态度和正确的学习方法。对于普通化学实验的学习方法，应抓住以下三个重要环节：

（1）实验预习　充分预习是做好实验的前提和重要保证。实验前，学生对实验的各个环节做到心中有数，才能使实验顺利进行。预习时应做到：认真阅读实验教材中有关的内容，必要时应查阅有关资料；明确实验目的和要求，理解实验的基本原理；了解实验内容、操作步骤及注意事项等，并初步估计每一反应的预期结果；认真研究实验内容后面所附的思考题，并能从理论上加以解决，做好预习报告。当发现学生预习不够充分时，教师有权令其暂停实验重新预习，符合要求后方可继续实验。

（2）实验过程　实验时应遵守实验室规则，听从教师的指导，根据实验教材上指定的方法、步骤、试剂的用量和实验操作规程认真进行操作。细心观察实验现象并及时、如实、详细地记录在实验报告册上。在实验的同时，应认真思考、分析产生现象的原因。若有疑难问题或"反常现象"，同学之间可以互相小声讨论或询问教师。实验失败，要查找原因，经教师同意后可重做。实验过程中应保持肃静，桌面应始终保持整齐、清洁，自觉养成良好的学习习惯。

（3）实验报告 实验报告是每次实验的记录、概括和总结，也是对实验者综合能力的考核。每个学生在实验结束后都必须及时、独立、认真地完成实验报告，这是整个实验过程中必不可少的重要环节。实验结束后要及时分析实验现象，整理实验数据，独立、认真地填写实验报告，按时交给教师。实验报告应力求实验现象描述准确，数据记录真实、完整，结论明确，文字简练，书写整洁。

1.2　实验室基本知识

1.2.1　实验室规则

为了保证正常的实验环境和实验秩序，防止意外发生，进行化学实验时要遵守以下规则：

（1）实验前应认真预习，明确实验目的和要求，掌握实验的基本原理，熟悉实验内容，弄清实验步骤、操作方法和注意事项，写好预习报告。

（2）按时进入实验室并保持安静，认真听实验指导老师讲解。自己动手实验前，应先清点仪器，如发现有缺少或破损，应向指导老师报告，按规定办理手续进行补领。如果在实验过程中损坏了仪器，应酌情赔偿，不得挪用他人（或别组）的仪器。

（3）学生必须在指定的位置上进行实验，未经教师同意不能擅自更换位置和做规定以外的实验。实验时遵守纪律，不迟到、不早退，保持室内安静，不得大声谈笑。

（4）实验时，尊重实验老师的指导，遵守操作规则，认真操作，仔细观察，如实记录各种实验现象和测量数据，独立完成规定的实验内容。

（5）实验时应注意保持桌面和实验室的整洁。废纸屑、火柴梗、废品等只能投入废液桶中，严禁投入或倒入水槽内，以免水槽和下水管道堵塞或腐蚀。

（6）实验时要小心使用仪器和设备，注意操作安全。使用精密仪器时，必须严格按照操作规程操作，细心谨慎，遵守注意事项。若发现异常情况或出现故障，应立即停止使用，报告指导教师，及时排除故障。

（7）节约水、电和化学药品。取用化学试剂时要看清标签，以免因误取而造成浪费和实验失败。试剂应按教材规定用量使用，没有规定用量的药品以尽量少用为原则，取用后及时盖好瓶盖，放回原处。

(8)公用试剂瓶或试剂架上的试剂瓶用过后，应立即盖上原来的瓶盖，并放回原处。公用试剂不得拿走为己所用。试剂架上的试剂应放置有序。

(9)实验完毕后洗净、摆好玻璃仪器，整理好桌面，洗净双手，最后要经过老师检查同意后才可离开。实验室任何物品(仪器、药品和反应产物等)不得带离实验室。

(10)学生轮流值日，值日的同学应整理好试剂，把桌面、地面和水槽打扫干净，将废液桶中废液倒入指定的地方，检查水、电和门窗是否关好，经指导教师同意方可离开实验室。

上述规则的执行情况是考核学生平时成绩的一部分，同学们应严格遵守，认真执行。

1.2.2　实验室安全知识

进行化学实验时，需使用水、电，有时要接触各种易燃、有腐蚀性或有毒的药品，故进入实验室后，须了解周围环境，明确总电源、急救器材(灭火器、消防栓)的位置及使用方法。对于进入实验室的每个人而言，首先在思想上必须十分重视安全问题，绝不能麻痹大意；其次，在实验前应充分了解每次实验中的安全问题和注意事项。在实验过程中要集中精力，严格按照操作规程进行实验，这样才能避免发生意外事故。

1.2.2.1　实验室安全守则

(1)勿用湿的手、物接触电源。实验完成后立即关闭水、电。

(2)实验室内严禁饮、食、吸烟。

(3)不得随意混合各种试剂药品，以免发生意外事故。

(4)加热试管中反应液时，不能将试管口指向自己或对着别人；不能俯视正在加热的液体，以免液体溅出受到伤害。

(5)产生具有刺激性、恶臭或有毒气体(如 H_2S、CO、SO_2、Cl_2 等)的实验应在通风橱内进行。

(6)嗅闻气体时，鼻子不能直接对准逸出气体的瓶口或试管口，只能用手轻拂气体，扇向自己后再嗅。

(7)使用具有强腐蚀性的洗液、浓酸、浓碱等要小心，切勿洒在桌面、地面、皮肤和衣服上，特别注意不要溅入眼睛内。

(8)对于易燃试剂(乙醇、乙醚、苯等)，在使用时应尽可能使其远离火源，使用大量低沸点易燃物时，室内禁忌明火。

(9)实验完毕，应关好水龙头、电闸、门窗，洗净双手，方可离开实验室。

1.2.2.2 实验室事故的处理措施

如果在实验过程中由于某种原因而引起了事故，切不要惊慌，应立即采取有效措施处理事故。

(1)割伤　先取出伤口内的异物，贴上"创可贴"，也可涂抹紫药水或红药水。伤口较深、出血过多时，可用云南白药止血或扎止血带，并立即送医院救治。

(2)烫伤　切勿用冷水洗涤伤处，也避免弄破水泡。轻度烫伤可在伤处敷烫伤药膏，小面积轻度烫伤可以涂抹肥皂水。严重者须送医院治疗。

(3)酸或碱腐蚀　受酸腐蚀致伤，首先用大量自来水冲洗伤处，再用饱和碳酸氢钠溶液或稀氨水冲洗，最后用蒸馏水冲洗；受碱腐蚀致伤，同样首先用大量自来水冲洗伤处，然后用3%醋酸溶液或饱和硼酸溶液冲洗，最后用蒸馏水冲洗。如果眼睛受伤，应用自来水冲洗后立即送医院治疗。

(4)吸入有毒气体　可吸入少量酒精和乙醚的混合气体，然后立即到室外呼吸新鲜空气。

(5)毒物进入口内　把5～10 mL稀硫酸铜溶液加入一杯温水中，内服后将手伸入喉部，促使呕吐，吐出毒物，再送医院治疗。

(6)起火　不慎起火时，切勿惊慌，应根据不同的着火情况，采用不同的灭火措施。有机试剂引起着火时，应立即用湿布、石棉布或砂子等扑灭，也可用四氯化碳灭火器或二氧化碳泡沫灭火器，但不可用水扑救。如遇电气设备着火，应立即拉开电闸切断电源，并用四氯化碳灭火器灭火。实验人员衣服着火时，立即脱下衣服，或就地打滚。火势太大时应立即撤离现场，并及时报警。

(7)触电　首先切断电源，然后在必要时进行人工呼吸，找医生抢救。

1.3　化学实验结果的表达与数据处理

实验中经常需要对某些物理量(如质量、体积、温度等)进行测量，而数值表示正确与否直接关系到实验的最终结果是否合理。在实验中，数值可以分为两类，一类是准确数值，另一类是近似数值。

计算式中的分数、倍数度量单位间的比率等都被认为是足够准确的。例如化学反应中各物质之间的物质的量的关系是按照化学计量系数进行的(如H_2SO_4和$NaOH$按照1:2进行反应)，1 g＝1 000 mg等，在这里"2"和"1 000"是足够准确的。

一切测量的数值都是近似数值，用仪器测量时，除了从仪器上可以读出的准确数值外，还需要多估读一位数字。

1.3.1　有效数字及运算规则

（1）有效数字的概念　在科学实验中实际能测量到（或从仪器上能直接读出）的数字叫有效数字。在这个数字中，除最后一位数是"可疑数字"（估计读数，也是有效数字）外，其余各位都是准确的。

有效数字与数学上的数字含义不同。它不仅表示量的大小，还表示测量结果的可靠程度，反映所用仪器和实验方法的准确度。例如，某物体在托盘天平上称量质量为 15.3 g，为 3 位有效数字，如果在分析天平上称量质量为 15.316 6 g，它的有效数字是 6 位。所以，记录数据时不能随便写。任何超越或低于仪器准确限度的有效数字的数值都是不恰当的。

1～9 都是有效数字，如果数字有"0"时，则要具体分析。"0"有时为有效数字，有时只起定位作用。下面用数字来说明：

数值	24.00	24.0	24	0.204 0	0.020 40	0.002 4
有效数字位数	4 位	3 位	2 位	4 位	4 位	2 位

如 24.00 和 24.0 中的"0"都是有效数字；在 0.020 40 中，"2"左边的 2 个"0"不是有效数字，仅表示位数，只起定位作用，而"2"右边和"4"右边的"0"是有效数字，这个数的有效数字为 4 位。对数的有效数字仅取决于小数部分（尾数）的位数，其整数部分（首数）只说明 10 的方次。如 pH＝1.20，其有效数字为 2 位，这是因为 $c_{eq}(H^+)=6.3\times10^{-2}$ mol·L^{-1}。

有些数字，如 24 000 等，有效数字位数不明，因后边的"0"可能是有效数字，也可能只起定位作用，为明确有效数字的位数，应采用如下表达形式，例如 24 000 记为 2.4×10^4 表示 2 位有效数字，记为 2.40×10^4 表示 3 位有效数字。此外应注意，在变换单位时，有效数字位数不能变，如 3.6 m＝3.6×10^3 mm。

计算中涉及的一些常数，如 π、e（自然对数的底），以及一些自然数，如 3 mol 铜的质量＝3 mol×63.54 g·mol^{-1}式中的"3"等，可以认为其有效数字很多或无限多。

（2）数字修约规则　在处理数据过程中，需要遵循一定的规则来确定各测量值的有效数字位数。各测量值的有效数字位数确定以后，就要将它后面多余的数字舍弃。舍弃多余数字的过程称为"数字修约"，目前一般采用"四舍六入五留双"规则。所谓"四舍六入五留双"，即尾数≤4 时，弃去；当尾数≥6 时，进位；尾数＝5 时，若后面跟非零的数字，进位；若恰好是 5 或 5 后面跟零时，按留双的原则，5 前面数字是奇数，进位，5 前面的数字是偶数，舍弃。

（3）有效数字的运算规则　在加减法运算中，和或差的有效数字保留位数，取决于这些数据中小数点后位数最少的数字，即与其中绝对误差最大的位数相同。运算时，首先确定有效数字保留的位数，弃去不必要的位数，然后再做加减运算。

例如，0.024 1＋12.58＋1.002 4＝? 应按下式计算：

$$0.02＋12.58＋1.00＝12.60$$

在乘除运算中，计算结果的有效数字的位数与数值中有效数字的位数最少的相同，而与小数点的位置无关。例如，0.024 1×12.58×1.002 4＝? 其中 0.024 1 的有效数字位数最少，于是应以有效数字位数最少者 0.024 1 为准，先修约，再运算。即：

$$0.024 1×12.6×1.00＝0.304$$

在较复杂的计算过程中，中间各步可暂时多保留 1 位不定值数字，以免多次舍弃造成误差的积累，最后表示计算结果时再弃去多余的数字。

目前，由于电子计算器的普及，使用计算器计算时结果数值的位数较多，虽然在运算过程中不必对每一步计算结果进行位数确定，但应注意正确保留最后计算结果的有效数字位数。

1.3.2　实验数据的表达与处理

在化学实验中，除了要求实验者能对测量的数据进行正确地记录和计算外，还需要将实验数据进行整理、归纳和处理，并正确表达实验结果所获得的规律。在普通化学实验中，主要采用列表法和图解法表示实验结果。

1.3.2.1　列表法

有些化学实验中，常获得大量的数据，应该尽可能整齐、有规律地将数据列入简明的表格中，便于进一步处理、运算与检查。列表法是表示实验数据最常用的方法之一。列表时要注意以下几点：

（1）每一个表格都应有简明且完整的名称。

（2）在表的每一行或每一列的第一栏要详细写出名称和单位。

（3）表中数据应化为最简单的形式表示，公共的乘方因子应在第一栏名称下注明。

（4）原始数据可以和处理结果并列在一张表中，处理方法和运算公式在表下注明。

1.3.2.2　图解法

将实验数据用几何图形表示出来的方法称为图解法。图解法是实验结果的表示方法之一，利用图解法能否得到良好的结果，与作图技术的高低有十分密切的关系。下面简单介绍用直角坐标纸作图的要点：

(1)一般以自变量为横轴，因变量为纵轴。

(2)坐标轴比例选择的原则：

① 图上读出的各种量的精密度应和测量得到的原始数据的精密度一致，即图上的最小分度与仪器的最小分度一致，要能表示出全部有效数字。

② 坐标纸每小格所对应的数值应便于迅速、简单地读出和计算，一般多用 1、2、5 或 10 的倍数，因为这些数值易于描点和读出，尽量不要用 3、6、7 或 9 的倍数。

③ 在上述条件下，应尽量充分利用图纸的全部面积，使实验数据均匀分布于全图，提高图的精密度，横坐标原点不一定从零开始，若图形为直线或近乎直线的曲线，应尽可能使直线与横坐标夹角接近 45°，角度过大或过小都会带来较大的作图误差。

(3)把测得的数据画到图上，就是原始数据点(实验点)，这些点要能表示正确的数值。若在同一图纸上画几条直(曲)线，则每条线的实验点需用不同的符号表示。

(4)在图纸上画好实验点后，根据实验点的分布情况绘制直线或曲线。绘制的直线或曲线应尽可能接近或贯穿所有的点，使线两边点的数目和点离线的距离大致相同，而不必要求它们通过全部实验点。画线的具体方法：先用笔轻轻地按实验点的变化趋势，手描一条曲线，然后再用曲线板逐段凑合手描曲线作出光滑的曲线。

(5)图作好后，要标明图的名称，注明坐标轴代表的量的名称、单位、数值大小以及主要测量条件等。

第2章 普通化学实验基本操作技能

2.1 普通化学实验常用仪器简介

普通化学实验常用仪器大部分是玻璃制品，小部分为其他材质。因为玻璃有较好的化学稳定性、很好的透明度，原料价廉又容易得到，此外，玻璃容易被加工成各种形状。在化学实验中，要合理选择和正确使用仪器，才能达到实验的目的。表2.1是普通化学实验中常用仪器的名称、规格及用途等。

表 2.1 常用仪器的名称、规格及用途

仪 器	规 格	用 途	使用注意事项
试管 离心试管 试管架	玻璃质。分硬质和软质试管。普通试管规格用管外径（mm）×管长（mm）表示。离心试管规格用容积（mL）表示，有 5 mL、10 mL、15 mL 等	普通试管用作少量试剂的反应容器，便于操作和观察。离心试管主要用作少量沉淀的分离和辨认	普通试管可直接用火加热，加热时应用试管夹夹持。加热后不能骤冷。离心试管不能用火直接加热，只能用水浴加热
试管夹	由木料、钢丝或塑料制成	加热试管时夹试管用	
毛刷	以大小和用途表示，如试管刷等	洗刷玻璃仪器	小心刷子顶端的铁丝撞破玻璃仪器

（续）

仪　器	规　格	用　途	使用注意事项
烧杯	玻璃质和塑料质。分硬质、软质，有一般型和高型，分有刻度和无刻度。规格以容积(mL)表示	用作反应物量较多时的反应容器，也可用来配制溶液	加热时外壁需擦干，然后放在石棉网上，使受热均匀
锥形瓶	玻璃质。规格以容积(mL)表示	反应容器。振荡很方便，适用于滴定操作	
试剂瓶	玻璃或塑料材质、无色或棕色、广口或细口。以容积表示，如 50 mL、100 mL、500 mL 等	广口瓶盛装固体试剂，细口瓶盛装液体试剂	不能直接加热。取用试剂时瓶盖倒放在桌上。碱性物质用橡皮塞或塑料瓶。见光易分解的试剂应用棕色瓶
滴瓶	有无色和棕色。以容积表示，如 60 mL、125 mL 等	盛放少量液体试剂	见光易分解的试剂应用棕色瓶
量筒和量杯	玻璃质。规格用刻度所能量度的最大容积(mL)表示	用于量取一定体积液体	不能加热，不能量热溶液或液体，不能用作反应容器
移液管和吸量管	以其最大容积表示，如 1 mL、2 mL、5 mL 及 10 mL、25 mL、50 mL 等	精确量取一定体积的液体	不能直接加热。一般与容量瓶配合使用

（续）

仪　器	规　格	用　途	使用注意事项
容量瓶	以其最大容积表示，如 25 mL、100 mL、250 mL 及 1 000 mL 等	配制准确浓度的溶液	不能直接加热。不能在其中溶解固体。一般与移液管配合使用
药勺	由牛角或塑料制成，有长短各种规格	取固体药品用。视所取药量的多少选用药勺两端的大、小勺	不能用于取用灼热的药品，用后应洗净擦干备用
滴定管和滴定管架	分酸式和碱式滴定管，有无色和棕色。以容积表示，如 25 mL、50 mL 等	滴定管用于滴定操作或精确量取一定体积的液体滴定管架用于夹持滴定管	酸式滴定管盛装酸性溶液或氧化性溶液，碱式滴定管盛装碱性溶液或还原性溶液，不能混用。见光易分解的滴定液应用棕色滴定管
称量瓶	玻璃质。分"高型"和"扁型"两种；以外径（mm）×高（mm）表示	准确称量一定的固体时用	不能直接用火加热盖子和瓶子是配套的，不能互换
干燥器	玻璃质，有普通干燥器和真空干燥器之分。以外径（mm）表示，有 15、18、21 等规格	内放干燥剂，用作样品的干燥和保存	防止盖子滑动而打碎红热的物品待稍冷后才能放入
漏斗	漏斗以口径（cm）表示	用于过滤或液体转移	不能直接用火加热
布氏漏斗和吸滤瓶	布氏漏斗为瓷质，以容积（mL）或口径（cm）表示，吸滤瓶为玻璃质，以容积（mL）表示	两者配套用于沉淀的减压过滤	滤纸要略小于漏斗的内径才能贴紧，不能用火直接加热
坩埚	以容积（mL）表示，材料有瓷、石英、铁、镍等	灼烧固体用。随固体性质不同选用不同质的	瓷坩埚加热后不能骤冷

（续）

仪　器	规　格	用　途	使用注意事项
坩埚钳	有铜质、铁质	用于夹取坩埚或蒸发皿	使用前钳尖应预热，用后钳尖应向上放在桌面或石棉网上
泥三角	由铁丝弯成，套有瓷管，有大小之分	灼烧坩埚时放置坩埚用	铁丝已断裂者不能使用坩埚底应横着斜放在三个瓷管中的一个上
研钵	以口径(mm)表示。用瓷、玻璃、玛瑙、铁制成	用于研磨固体物质及固体物质的混合	不能用火直接加热大块固体物质不能敲，只能碾压
点滴板	瓷质。有十二凹穴、六凹穴等。颜色有白色、黑色	用于点滴反应，尤其是显色反应	不能加热，不能用于含氢氟酸溶液和浓碱液的反应
石棉网	由铁丝编成，中间涂有石棉，有大小之分	加热时垫在受热仪器与热源之间，能使受热物体均匀受热	不能与水接触，石棉脱落的不能使用
铁架台	铁制品，铁夹也有铝或铜制成的	用于固定或放置反应容器	应先将铁夹等放至合适高度，并旋转螺丝，使之牢固后再进行实验
水浴锅	铜或铝制品。有大小之分	用于间接加热，也可用于粗略控温实验	加热时防止锅内水烧干用完后应将锅洗净擦干

2.2 常用玻璃仪器的洗涤和干燥

2.2.1 玻璃仪器的洗涤

化学实验中经常使用各种玻璃仪器。为了使实验结果准确，实验前必须将实验仪器洗涤干净，实验结束后也应立即洗净仪器。一般附着于仪器上的污物既有尘土、其他不溶性物质，也有可溶性物质、有机物等。应根据实验的要求、污物的性质和沾污程度来选择合适的方法进行洗涤。以下是一些常用的洗涤方法：

（1）水刷洗　对于口径较大的仪器，如试管、烧杯、锥形瓶、量筒等，可先向其中注入少量水，选用大小合适的毛刷刷洗，然后用水冲洗，这样可以洗去可溶性污物和尘土及对器壁附着力不强的不溶性污物。将水倒出后，内壁能被水均匀润湿而不挂水珠，即算洗净。注意不能用秃顶的毛刷洗，也不能用力过猛。对试管底部要旋转刷洗，而不是来回刷洗，以防捅破。

（2）洗涤剂洗　用去污粉、肥皂、洗衣粉、洗洁精等可以洗去仪器上的有机物质。洗涤时，首先要把需洗涤的仪器用少量自来水润湿，再用湿润的毛刷蘸少量洗涤剂刷洗，然后再用自来水冲洗干净。有油渍的仪器可先用热的氢氧化钠或碳酸钠溶液处理。

（3）铬酸洗液洗　铬酸洗液具有强氧化性，主要用于除去油污或还原性物质，对一些管细、口小、毛刷不能刷洗的仪器，或在进行精确的定量实验时，对仪器的洁净程度要求高，采取这种洗法效果很好。洗涤时，先往仪器中注入少量洗液，然后将仪器倾斜并缓慢转动，使仪器内壁全部被洗液浸润，或用洗液泡几分钟，必要时用热的洗液洗涤效果更佳。然后将洗液倒回原试剂瓶。用自来水冲洗残留在仪器中的洗液。铬酸洗液呈深褐色，具有强酸性、强氧化性和强腐蚀性，对有机物的洗涤力特别强，但对衣服、皮肤、桌面、橡胶等的腐蚀性也很强，使用时要特别小心。被洗涤仪器内不宜有水，以免洗液被冲稀而失效；洗液用过后如果不显绿色，一般可倒回原瓶再用，不要随便弃去。

铬酸洗液的配制方法有多种，其中之一是将 5 g 工业用重铬酸钾置于烧杯中，加 10 mL 水溶解，在搅拌下慢慢加入 100 mL 浓硫酸。

（4）超声波清洗　超声波清洗器是利用超声波发生器发出的高频振荡讯号，通过换能器转换成高频机械振荡而传播到介质（清洗液）中，超声波在清洗液中疏密相间地向前辐射，使液体流动而产生数以万计的微小气泡，这些气泡在超声波纵向传播的负压区形成，在正压区闭合，在闭合过程中形成瞬间高压，连续不断的高压就像一连串小"爆炸",不断冲击物体表面,使物体表面和缝隙中的污垢迅速脱落,从而达到洁净的目的。

使用超声波清洗器时要注意以下几点:

① 不能将物体直接放入清洗槽底部,需洗涤的仪器要放入清洗网架中。

② 清洗槽中可注入水或水溶液,不得使用强酸、强碱等化学试剂,不要超过水位高低的范围,清洗槽干燥的情况下不能开机工作。

③ 用温度控制器调节好温度,定时器调节清洗时间,一般清洗 10~20 min,特别难清洗的可适当延长。

④ 清洗结束后,清洗槽要取出,用自来水洗干净。

(5)特殊污物的洗涤 仪器上的特殊污物的去除可根据沾在仪器壁上的各种污物的性质"对症下药",采取适当的方法或试剂来处理。

① 沾在仪器壁上的氧化剂二氧化锰可用少量草酸加水,并滴几滴浓硫酸来处理。

② 氢氧化钠-高锰酸钾洗液可以洗去有机物。

③ 铜或银附在器壁上,用硝酸处理,难溶性的银盐可用硫代硫酸钠溶液洗涤,硫化物沉淀可用硝酸加盐酸洗涤。

④ 硫黄用石灰水煮沸除去。

⑤ 蒸发皿和坩埚上的污迹可用浓硝酸或王水处理。

用以上各种方法洗涤后的仪器,经过自来水冲洗后,往往残留钙离子、镁离子、氯离子等,最后应该用少量蒸馏水或去离子水润洗 2~3 次,少量多次是洗涤仪器时应遵循的重要原则。

已洗净的仪器,用水润湿,将水倒出并把仪器倒置可观察到仪器透明,器壁不挂水珠。已洗净的仪器不能再用布或纸擦拭,因为布或纸的纤维会留在器壁上弄脏仪器。

2.2.2 玻璃仪器的干燥

洗净后的仪器可用以下方法干燥:

(1)晾干 实验结束后,将仪器洗净,倒置在干净的实验柜内或仪器架上,让水自然蒸发而干燥,待下次实验使用。

(2)烘箱烘干 将洗净的仪器尽量倒干水后,口朝下放入烘箱内,倒置不稳的仪器则应平放,并在烘箱的最下层放一搪瓷盘,承接从仪器上滴下的水,以免水滴到电热丝上,损坏电热丝,烘干温度一般在 105 ℃左右。烘箱的全称是电热鼓风干燥箱(或电热恒温干燥箱),烘箱的外观如图 2.1 所示。

烘箱也可用于干燥固体试剂,但要注意,易燃、易挥发的物品不能放入烘箱中。

（3）烤干 烧杯和蒸发皿等可以放在石棉网上用小火烤干，烤前将仪器外壁的水擦干，以免烤时炸裂。试管可以用试管夹夹住后，在火焰上来回移动，直至烤干，但必须注意使管口向下，以免水珠倒流至灼热的部位，使试管炸裂，待烤到不见水珠后，使管口向上，赶尽水汽。如图 2.2 所示。

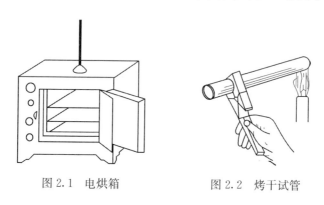

图 2.1 电烘箱　　　　　图 2.2 烤干试管

（4）吹干 如果急用仪器，可以用电吹风机把仪器吹干。

（5）有机溶剂干燥 在仪器内加一些易挥发的有机溶剂如酒精、丙酮等，倾斜并转动仪器，使器壁上的水和有机溶剂相互溶解，然后倒出有机溶剂，少量残留在仪器中的混合物会很快挥发而干燥。如用电吹风往仪器中吹冷风，则干得更快。不能用加热的方法干燥的带有刻度的仪器，可用此法干燥，因为加热会影响它们的准确度。

2.3　加热与冷却操作

加热与冷却是化学实验中重要的基本操作，加热与冷却方式的选择以及操作的正确与否，直接关系到实验能否成功。加热的主要目的是向吸热反应提供热量、加快反应速率、加速物质在溶剂中的溶解或提高物质的溶解度、使物质熔化、促使物质分解或促使液体中溶解的气体逸出等；冷却的主要目的是降低反应速率、移出放热反应的反应热、抑制副反应的进行、防止热敏性物质的变质分解，以及加速物质的冷却或冷凝。

2.3.1　常用加热器具

2.3.1.1　酒精灯

酒精灯是实验室最常用的加热灯具，点燃酒精灯需用火柴，切忌用已点燃

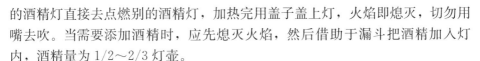

的酒精灯直接去点燃别的酒精灯,加热完用盖子盖上灯,火焰即熄灭,切勿用嘴去吹。当需要添加酒精时,应先熄灭火焰,然后借助于漏斗把酒精加入灯内,酒精量为 1/2~2/3 灯壶。

2.3.1.2 酒精喷灯

常用的酒精喷灯有挂式和座式两种,挂式酒精喷灯的酒精贮存在悬挂于高处的贮罐中,如图 2.3(a)所示,而座式酒精喷灯的酒精贮存在灯座内,如图 2.3(b)所示。

使用前,用漏斗向酒精壶内注入其容量 1/2 的酒精,再向预热盆中注入约为其容量 2/3 的酒精,然后点燃盆中的酒精加热铜质灯管,待盆中酒精快燃完,灯管温度足够高时,开启开关,这时由于酒精在灯管内汽化,并与来自气孔的空气混合,如果用火点燃管口气体,即可形成高温火焰。调节开关阀门可以控制火焰的大小,用毕,将一石棉网盖在灯管口,火即可熄灭。

使用酒精喷灯时应注意:在点燃灯前,灯管必须充分灼烧,否则酒精在灯管难以全部汽化,导致液态酒精从管口喷出,可能形成"火雨"(尤其是挂式喷灯),甚至引起火灾。挂式喷灯不使用时,必须将贮罐的开关关好,以免酒精漏失,发生事故。

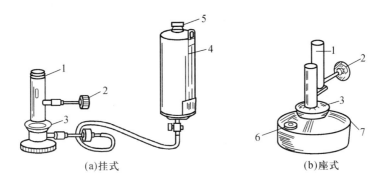

(a)挂式　　　　　　　　　(b)座式

图 2.3　酒精喷灯
1. 灯管　2. 空气调节器　3. 预热盘　4. 酒精贮罐　5. 盖子　6. 铜帽　7. 酒精壶

2.3.1.3 常用加热仪器

常用加热仪器有磁力搅拌加热器、电炉、电热套、管式炉、马弗炉等(图2.4)。一般用电热丝做发热体,温度高低可以控制。磁力搅拌加热器中包含有可旋转的磁铁和可调功率的电热丝,既具有加热功能,又具有搅拌功能。当反应系统中放置聚四氟乙烯等材料包裹的磁棒(搅拌子)时,通过控制磁铁的转速可以在反应系统中产生搅拌作用。多数磁力搅拌加热器有内置继电器，具有恒温功能，是实验室小规模反应最常用的恒温加热搅拌装置。电炉和电热套都可通过外接变压器来调节加热温度。加热时容器和电炉之间要垫一块石棉网，使受热均匀。管式炉有一管状炉膛，利用电热丝或硅碳棒来加热，温度可以调节。炉膛中可插入一根耐高温的瓷管或石英管，瓷管中再放入盛有反应物的瓷舟。反应物可以在空气或其他气氛中受热。马弗炉是一种用电热丝或硅碳棒加热的炉子，炉膛为长方体，打开炉门就很容易放入要加热的坩埚或其他耐高温的器皿，最高使用温度可达 1 223 K 或 1 573 K。

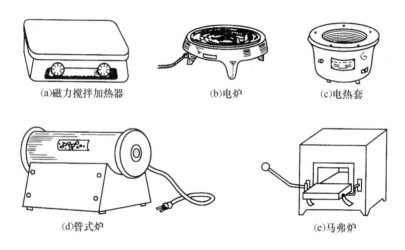

(a)磁力搅拌加热器　　　　(b)电炉　　　　(c)电热套

(d)管式炉　　　　(e)马弗炉

图 2.4　常用加热仪器

2.3.2　常用的加热操作

2.3.2.1　直接加热

少量液体可在试管中直接加热(图 2.5)，用试管夹夹住试管中上部，试管管口应向上稍倾斜，管口不能对着人，以免溶液暴沸溅伤人。应使液体各部分受热均匀，先加热液体的中上部，再慢慢往下移动，然后不时上下移动。不要集中加热某一部分，避免造成暴沸。大量液体可以放在烧杯中加热，烧杯必须放在石棉网上，以免受热不均匀而使仪器破裂，烧杯加热时要适当搅动，防止暴沸。

少量固体药品可装在试管中加热(图 2.6)，方法与液体稍不同，通常管口应略低于管底，防止冷凝的水珠倒流到试管的灼热部位而使试管破裂。较多的固体加热，应在蒸发皿内进行。先用小火预热，再慢慢加大火焰，但也不能太大，以免固体溅出造成损失。

图 2.5 加热试管中的液体　　图 2.6 加热试管中的固体

2.3.2.2 水浴加热

水是一种热容很大的连续性介质，特别适合于温度不超过 373 K 的均匀加热，常用的仪器是电热恒温水浴锅，也可将容器放在水浴锅的铜圈或铝圈上，用水蒸气加热(图 2.7)。水浴加热时，水浴锅盛水量不要超过其容量的 2/3，加热时要随时向水浴锅补充水。用水浴加热试管中的液体时，常用一大小合适的烧杯代替水浴锅。实验室经常用恒温水浴箱(图 2.8)加热。恒温水浴箱用电加热，可自动控制温度，能同时加热多个样品。水浴箱内盛水不要超过 2/3，被加热的容器不要碰到水浴箱底。

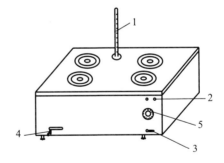

图 2.7 水浴加热　　　　图 2.8 恒温水浴箱
1. 温度计　2. 指示灯　3. 电源开关
4. 放水阀　5. 温度调节钮

2.3.2.3 油浴和沙浴加热

当要求被加热的物质受热均匀，温度又需高于 373 K 时，可使用油浴或沙浴。油浴是以某些油品为介质来加热物料，最常用的是液体石蜡，由于油是易燃介质，用油浴加热时要特别注意防止着火。沙浴是以干净均匀的河沙为介质，将其盛在铁盘或蒸发皿中，把待加热的容器半埋在热沙中进行加热，若要测量沙浴的温度，可把温度计插入沙中。注意：沙子对热的传导能力要差一些，与油浴相比，温度分布不均匀，所以容器底部的沙层通常要薄些，使容器易于受热，周围的沙层要厚些，防止热量散失。

2.3.3 冷却的方法

常用的冷却方法主要是介质冷却，即空冷、水冷和盐冷。空冷是以空气为冷却介质，或置物料于空气中自然冷却，或使空气强制流动，加速冷却，这种方式简单易行，但速度慢、效率低。

水冷是以水为冷却介质，通常采用间壁式冷却，以防止水进入物料中，水冷也包括冰冷和冰水混合物冷却，特别是冰水混合物可以控制冷却下限不低于273 K。

盐冷是以盐、冰和水的混合物为冷却剂的冷却方式，这种冷却剂是将无机盐、冰和水按一定比例混合而制得，盐冷可获得比水冷更低的温度，所能达到的温度由冰、盐的比例和盐的品种决定，有的可以达到零下几十度，其中以食盐、冰和水的混合物最为常见。

2.4 化学试剂的取用和试管操作

2.4.1 化学试剂的分类

化学试剂是用以研究其他物质的纯度较高的化学物质。通常用不同符号和不同颜色的标签区分化学试剂的纯度级别。按其用途可分为通用试剂和专用试剂两大类。按照药品中杂质含量的多少，我国生产的通用试剂可划分为四个等级，其规格和适用范围见表2.2。

表 2.2 化学试剂等级对照表

规格等级	名称	符号	标签颜色	适用范围
一级品	优级纯 （保证试剂）	G. R.	绿色	精密的分析工作和科学研究
二级品	分析纯 （分析试剂）	A. R.	红色	一般的分析工作和科学研究
三级品	化学纯	C. P.	蓝色	一般化学实验
四级品	实验试剂	L. R.	棕色或其他颜色	一般化学实验辅助试剂
	生化试剂	B. R. 或 C. R.	黄色或其他颜色	生物化学即医用化学实验

化学试剂的纯度越高，价格就越高。应根据实验的不同要求选用不同级别的试剂。在一般的普通化学实验中，化学纯级别的试剂就已能符合实验要求，但有些实验中也要使用到分析纯级别的试剂。

科学技术的发展，对化学试剂纯度的要求也愈加严格，愈加专门化，因而也出现了具有特殊用途的试剂，如基准试剂、色谱纯试剂、光谱纯试剂等。

2.4.2　化学试剂的选用与保管

实验中应该根据节约和适合的原则，按照实验的具体要求来选用试剂，不能以粗品代替纯品，也不能认为试剂越纯越好，以纯品代替粗品，在要求不是很高的实验中使用较纯的试剂是一种很大的浪费。试剂用在满足要求的前提下还应该考虑试剂成本、毒性等因素。

保管化学试剂要注意安全，特别要注意防火、防水、防挥发、防光照和防变质。保管不当，有时会给使用者造成重大的伤害。化学试剂的保存，应根据试剂的毒性、易燃性、腐蚀性、潮解性等不同的特点，采取不同的保存方式。

固体试剂应保存在广口瓶内，液体试剂盛放在细口瓶内，见光易分解的应盛放在棕色瓶中。特种试剂应采用特殊贮存方法：吸水性强的试剂（如无水 Na_2CO_3、$NaOH$、Na_2O_2 等）应严格用蜡密封；易受热分解的试剂必须存放在冰箱中；易吸湿或易氧化的试剂则应贮存于干燥器中；金属钠浸在煤油中；白磷要浸在水中等。

每一个试剂瓶上都要贴上标签，上面写明试剂的名称、规格或浓度（液体试剂）和配制日期等，长期固定使用的，应在标签外涂上一薄层石蜡。实验台试剂架上盛放无色试剂的滴瓶，为了使两边的使用者使用方便，一般贴有双面标签。

2.4.3　试剂瓶的种类

实验室中常用试剂瓶有细口试剂瓶、广口试剂瓶和滴瓶，它们分别有无色和棕色两种，并有大小各种规格。一般固体试剂盛放在广口试剂瓶中，液体试剂盛放在细口试剂瓶中，需要滴加使用的试剂可盛放在滴瓶中，见光易分解变质的试剂（如硝酸银、高锰酸钾等）放在棕色瓶内。盛碱液的试剂瓶要用橡皮塞。每个试剂瓶上都必须贴上标签，写明试剂的名称、浓度和配制日期，并在标签外面涂上一层蜡来防止标签污损。

2.4.4　试剂瓶塞子打开的方法

（1）如遇到固体或液体试剂瓶上的塑料塞子或酚醛树脂塞子很难打开时，

可用热水浸过的布裹上塞子的头部，然后用力拧，一旦松动，就能拧开。

（2）细口试剂瓶塞或广口试剂瓶塞也常有打不开的情况，此时可用热水浸过的布包裹瓶的颈部（塞子嵌进的部分），瓶颈处玻璃受热膨胀后，可在水平方向转动塞子或左右交替横向摇动塞子，若仍打不开，可紧握瓶的上部，用木柄或木槌从侧面轻轻敲打塞子，也可在桌端轻轻扣敲，请注意，绝不能手握下部或用铁锤敲打。

2.4.5 化学试剂的取用

2.4.5.1 取用试剂的原则

取用试剂时，首先应看清标签，此外，必须遵守下列原则：

（1）不能用手接触试剂，更不能试尝药品的味道，以免危害健康和玷污试剂（大多数药品是有毒的或有腐蚀性的）。

（2）打开试剂瓶后，将瓶塞倒置在实验台上。如果瓶塞上端不是平顶而是扁平的，可用食指和中指将瓶塞夹住（或放在清洁的表面皿上），绝不可将它横置桌上，以免玷污。取用完试剂后应立即盖好瓶塞并放回原处，标签朝外，以保持实验台整齐干净，不要弄错瓶塞或瓶盖。

（3）实验中，应按规定用量取用试剂。若书上没有注明用量，应尽可能少取，这样在能取得良好的实验结果的同时还能节约药品。万一多取，可将多余的试剂放在指定的容器中，或分给其他需要的同学使用，不要倒回原瓶，以免污染原试剂。

2.4.5.2 固体试剂的取用

（1）用洁净、干燥的药勺取用。最好每种试剂专用一个药勺，否则，每次取完后，须将药勺洗净、擦干后方可取用其他试剂。

（2）取下的瓶盖倒置在实验台上，取出试剂后要立即盖好瓶盖，不要盖错，取完后将试剂瓶放回原处。

（3）一般药勺两端分为大、小两个勺，取大量固体试剂时用大勺，取少量固体试剂时用小勺。多取的试剂不能倒回原瓶，可放在指定容器中供他人使用。

（4）试剂从药勺倒入容器中时，如果是大块试剂，应先倾斜容器，把固体试剂放在容器内壁，让它慢慢滑落到容器底部（图 2.9），不能把药品从容器口直接倒至底部，以免碰破容器底部。若为粉状试剂，可用药勺直接倒入容器底部，勿让粉末沾在容器壁上（图 2.10）。往湿的或口径较小的试管中加固体试剂时，可将试剂放在事先对折好的角形干净白纸条上，纸条以能放入试管且长于试管为宜，然后小心地送入试管底部，直立试管，再轻轻抽出纸条（图 2.11）。

图2.9　块状固体沿管
壁慢慢滑下

图2.10　用药勺送
固体试剂

图2.11　用纸槽送
固体试剂

2.4.5.3　液体试剂的取用

(1)取用较大量的液体试剂时，可直接从试剂瓶中倾出(倾注法，见图2.12)。先将瓶塞取下，瓶塞倒置在实验台上，右手握住试剂瓶上贴标签的一面，以瓶口靠住容器壁，缓缓倾出所需液体，使液体沿着器壁流下。若所用容器为烧杯，则倾出液体时可用玻璃棒引流。倾出所需量后，将试剂瓶口在容器或玻璃棒上靠一下，再慢慢竖起瓶子，以免遗留在瓶口的液滴流到试剂瓶的外壁。

(2)从滴瓶中取用液体试剂时，先提起滴管，使管口离开液面，用手指紧捏滴管上部橡皮乳头，赶走其中的空气，然后将滴管插入试液中，放松手指即可吸入液体。滴加试液时，滴管必须保持垂直(图2.13)，滴管尖嘴不可接触承接容器的内壁，应在容器口上方将试剂滴入，以免玷污。取完试剂后，应立即将滴管放回原瓶，装有试剂的滴管不能平放或管口向上斜放，以免试剂流到橡皮乳头内腐蚀乳胶头(可能与橡胶发生反应)，引起瓶内试剂变质。

(3)在试管里进行某些实验时，取试剂不需要准确用量，只要学会估计取用液体的量即可。例如用滴管取用液体时1 mL液体相当于多少滴；5 mL液体占一个试管容量的几分之几等。倒入试管里的溶液量，一般不超过其容积的1/3。

(4)定量取用液体试剂，一般可用量筒、移液管(吸量管)或滴定管量取。

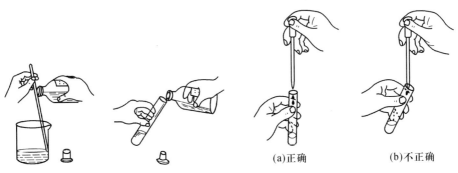

图2.12　倾注法　　　　　　(a)正确　　　　(b)不正确

图2.13　用滴管滴入试剂的方法

2.4.6　试管操作

试管是使用少量试剂时的反应容器，便于操作和观察实验现象，因而是普通化学实验中用得最多的仪器，要求熟练掌握，操作自如。

(1)洗涤试管　试管洗涤要根据具体情况确定。在试管内壁不存在附着物的情况下，可用振荡水洗法清洗。当内壁附有不易洗掉的物质时，先倒掉废液，注入自来水振荡后倒掉，然后用毛刷刷洗，刷洗后，再用水连续振荡数次。

(2)振荡试管　用拇指、食指和中指持住试管的中上部，试管略倾斜，手腕用力振动试管，这样试管中的液体就不会振荡出来。

(3)加热试管　加热方法见 2.3.2 常用的加热操作。

2.5　常用容量仪器及基本操作

2.5.1　量筒的使用

量筒是化学实验中最常用的量取液体体积的量器，有多种规格，如 10 mL、25 mL、50 mL、100 mL 等，可以根据不同的用量来选用。例如，量取 6 mL 的液体，可选用 10 mL 量筒，若选用 50 mL 或 100 mL 量筒则误差较大。用量筒量取液体时，应用左手持量筒，并以大拇指粗略指示所需体积的刻度处，右手持药品瓶(标签对着手心)，瓶口紧靠量筒口的边缘，慢慢注入液体至所指刻度，如图 2.14 所示。读取读数时，视线应与量筒内液体凹液面的最低处在同一水平面上，如图 2.15 所示。

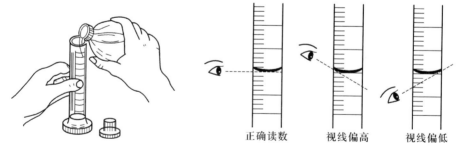

图 2.14　用量筒量取液体　　　　图 2.15　观看量筒内液体的容积

有些实验不需要准确地量取液体体积，不必每次都用量筒，可根据经验来估计，如普通试管一般是 20 mL，则 4 mL 液体约占试管总容量的 1/5。又如滴管每 20 滴约为 1 mL，可根据滴数来估计试剂的体积。

2.5.2　移液管和吸量管的使用

移液管和吸量管是准确移取一定体积液体的量器。移液管上下均为较细的玻璃管，中间为一膨大的球部，颈上刻有环形标线，底端有一尖嘴口，常用的有 10 mL、25 mL、50 mL 等规格。吸量管为带有刻度的玻璃管，底端有一尖嘴口，常用的有 1 mL、2 mL、5 mL 等规格。吸量管用于量取非整数的小体积液体，最小分刻度有 0.01 mL 等，移液管或吸量管都标有容积和测定时的温度。

2.5.2.1　移液管的使用

(1)洗涤、润洗　用移液管吸取溶液前，要依次用洗液、自来水、蒸馏水洗涤(如果没有有机物和不溶性污垢，可不用洗液洗)，还需用少量待取液润洗 3 次，以保证被吸溶液浓度不变。操作方法是：吸取待取液于移液管 1/3 处，然后两手持平转动移液管，使溶液布满全管内壁，当溶液流至距上口 2～3 cm 时，将管直立，使溶液由尖嘴口放出，弃去。

(2)移液　吸取液体时，右手拇指及中指拿住颈标线以上的部位，后二指依次靠拢中指，将移液管下端伸入液面下 1～2 cm 处，不应伸入太深，以免外壁沾有过多液体，也不应伸入太浅，以免液面下降后吸空。左手拿洗耳球，排除空气后紧按在移液管口上，然后慢慢放松，则溶液上升进入移液管，移液管应随容器内液体液面的下降而下伸，当液面上升到颈标线以上时移去洗耳球，迅速用右手食指按住管口，将移液管从溶液中提出，将下口靠在容器壁上，稍微放松食指，让移液管在中指和拇指间微微转动，使液面缓缓下降，直到溶液的弯月面与标线相切时，立即用食指按紧管口，使溶液不再流出(图 2.16)。

(3)放液　取出移液管，把移液管移入接收溶液的容器中，将容器倾斜，使容器内壁紧贴移液管尖端管口，并成 45°左右。放松食指，使溶液自由地沿壁流下(图 2.17)，待液面下降到管尖，停靠约 15 s 即可移去移液管。若使用的是非吹出移液管，切勿把残留在管尖的液体吹出，因为校准移液管容积时没有把这部分液体计算在内。若使用的是上面标有"吹"或"快"字样的移液管，则必须吹出管尖部分的液滴。移液管用完后，要洗净放在移液管架上。

2.5.2.2　吸量管的使用

吸量管的使用方法与移液管类似，但要注意：量取液体时从上端某一分度(通常都是 0.00 刻度)开始，降至另一分度，两分度间的体积刚好等于所取体积，在同一实验中，尽可能使用同一吸量管的同一段，尽量避免使用尖端处的刻度。

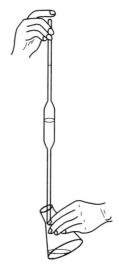

图 2.16　移液管移液　　　　　图 2.17　移液管放液

2.5.3　容量瓶的使用

　　容量瓶用于配制准确浓度的溶液，其颈上有一颈标线，表示在所示温度下，当液体充满到颈标线时，液体体积恰好与瓶子上所注明的体积相等。

　　(1)检漏　容量瓶使用前应检查瓶塞是否漏水。加自来水至颈标线附近，盖好塞子，左手按住塞子，右手指尖托住瓶底边缘，将瓶倒立 2 min，观察瓶塞周围是否有水漏出，如不漏水，将瓶直立，转动瓶塞约 180°，再试一次，确定不漏水后方可使用(图 2.18)。为避免打破瓶塞，瓶塞应系在瓶颈上。

　　(2)洗涤　容量瓶的洗涤方法与移液管类似。尽可能只用水冲洗，必要时才用洗液洗涤。用洗液的洗涤方法是：倒入 10～20 mL 洗液，边转动边将瓶口倾斜，至洗液布满内壁，放置几分钟，将洗液由上口慢慢倒出，边倒边转，使洗液在流经瓶颈时，布满全颈，然后用自来水冲洗，再用蒸馏水润洗3 次。

　　(3)移液　配制溶液时，先加入少量水在烧杯中使固体试样溶解，冷却至室温后将溶液沿玻璃棒转移到容量瓶中，转移时要注意：玻璃棒下端靠着瓶颈内壁，烧杯嘴应紧靠玻璃棒，使溶液沿玻璃棒和内壁流入，如图 2.19 所示，溶液全部流完后，烧杯轻轻向上提，同时直立，使附在玻璃棒与烧杯嘴之间的一滴溶液收回烧杯中。

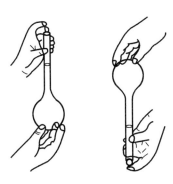
图 2.18　容量瓶的检漏

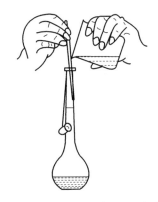
图 2.19　溶液转入容量瓶的操作

（4）定容　用洗瓶洗涤玻璃棒、烧杯 3 次，每次的洗涤液都转移到容量瓶中，再加蒸馏水到容量瓶容积的 2/3。右手拇指在前，中指、食指在后，拿住颈标线以上部位，直立旋摇容量瓶，使溶液初步混合（此时勿加塞倒立容量瓶），然后慢慢加蒸馏水到接近标线 1 cm 左右，等 1～2 min，使沾在瓶颈上的水流下，将滴管伸入瓶颈，但稍向旁倾斜，使蒸馏水顺壁流下，直到凹月面最低点和颈标线相切为止。

（5）摇匀　盖好瓶塞，左手拇指在前，中指及无名指、小指在后，拿住颈标线以上部分，以食指压住瓶塞上部，右手指尖托住瓶底边缘。如容量瓶的容积小于 100 mL，则不必用手托住，将容量瓶倒转，使气泡上升到顶，轻轻振摇，再倒转过来，如此反复十余次即可。

将一种已知准确浓度的浓溶液稀释为另一个准确浓度的稀溶液，可用吸量管吸取一定体积的浓溶液，放入适当的容量瓶中，按上述方法稀释至标线。

2.6　常用称量仪器及其使用

天平是进行化学实验不可缺少的重要称量仪器。在各种不同的化学实验中，根据对质量准确度的要求不同，需要选用不同类型的天平进行称量。常用的天平种类很多，如托盘天平、电光分析天平、电子分析天平等。下面重点学习托盘天平和电子分析天平的使用方法。

2.6.1　托盘天平的使用

托盘天平又叫台秤，常用于一般称量。它能迅速地称量物体的质量，但精确度不高。最大载荷为 200 g 的能称准至 0.1 g，最大载荷为 500 g 的托盘天平能称准至 0.5 g。

2.6.1.1　构造

托盘天平构造如图 2.20 所示，通常横梁架在底座上，横梁中部有指针与刻度盘相对，根据指针在刻度盘上左右摆动情况，判断天平是否平衡，并给出称量值。横梁左右两端上边各有一秤盘，用来放置试样(左)和砝码(右)。由天平构造显知其工作原理是杠杆原理，横梁平衡时力矩相等，若两臂等长则砝码质量就与试样质量相等。

图 2.20　托盘天平

2.6.1.2　称量

使用托盘天平可按下列步骤进行。

(1)零点调整　称量前，应先将游码拨至游码标尺"0"处，检查指针是否停在刻度盘的中间位置。如果不在中间位置，可调节托盘下面的平衡螺丝。当指针在刻度盘从中间向左右摆动的格数相等或指针停摆时停在刻度盘的中间位置时，托盘天平即处于平衡状态，此时指针的停点称为零点。

(2)称量　称量物放在左盘，砝码放在右盘，10 g(或 5 g)以上的砝码直接用镊子从砝码盒中夹取，10 g(或 5 g)以下的砝码通过游标尺上的游码来添加，砝码要从大的加起，若太重就按顺序更换小的砝码，当最后的停点(即左右两盘分别放上砝码和称量物，达平衡后，指针在刻度盘的位置)与零点重合时(允许偏差一小格之内)，砝码所示的质量就是称量物的质量。读数应从砝码盒的空位算起。

(3)称量完毕　将砝码放回砝码盒，游码退回刻度"0"处，取下盘中的物品，将托盘放在一侧或用橡皮圈起，以免摆动。

2.6.1.3　注意事项

(1)不能称量热的物品。

(2)称量物不能直接放在秤盘上，根据具体情况可放在纸上、表面皿或其他容器中。吸湿或有腐蚀性的药品，必须放在玻璃容器内。

(3)称量完毕，应将砝码放回砝码盒中，将游码拨到"0"位处。

(4)保持托盘天平的整洁。

2.6.2　电子分析天平的使用

电子分析天平(图 2.21)是一种新型称量仪器，其特点是操作简单、称量速度快、自动化程度高。常用电子天平的称量精确度从 0.1 g 至 0.1 mg。一般称量精度在0.001 g以上的带有防风玻璃罩，用于精确称量，0.01 g以下的不带防风罩，用于一般称量。称量范围一般为200 g。

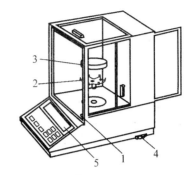

图2.21　电子分析天平
1. 水平仪　2. 托盘　3. 秤盘
4. 水平调节脚　5. 显示屏

2.6.2.1　电子分析天平的使用方法

(1)使用前观察水平仪是否水平，如不水平，用水平脚调整水平。

(2)接通电源，轻按"POWER"(或"on")键，开启天平，天平显示自检，当天平回零时，就可以正常工作了。

(3)简单称量：打开天平侧门，将样品放在秤盘上(化学试剂不能直接接触秤盘)，关闭侧门，待电子显示屏上闪动的数字稳定下来，读取数字，即为样品的称量值。

(4)去皮称量：将空容器放在秤盘上，显示其重量值。轻按"TARE"(或"→O/T←")键，此时显示屏上显示数值为0，此过程称为去皮。向空容器中加样品，所显示的数值即为样品净重值，如将容器从天平上移去，去皮重量值会以负值显示，此值将一直保留到再次按"TARE"键或关机。

(5)称量完毕，取下被称物，按住"POWER"(或"off")键直到出现"OFF"字样，然后松开该键，拔下电源插头，盖上防尘罩。

2.6.2.2　电子分析天平的使用规则与维护

(1)天平箱内应保持清洁，要定期放置和更换硅胶，以保持干燥。

(2)电子分析天平的最大称量一般为200 g，称量物品的质量不得超过200 g。

(3)不得在天平上称量热的或散发腐蚀性气体的物质。

(4)称量的样品必须放在适当的容器中，不得直接放在天平盘上。

(5)称量过程中应关闭电子分析天平的门，避免气流影响称量结果。

以上只是非常简要地介绍了电子分析天平的使用和注意事项，详细的使用说明请参阅电子分析天平的说明书。

2.7　溶解、蒸发、结晶与固液分离

2.7.1　固体物质的溶解

按用量称取药品，倒入烧杯中(如果固体颗粒较大，可先在研钵中研细，

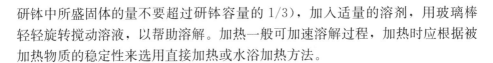

研钵中所盛固体的量不要超过研钵容量的 1/3),加入适量的溶剂,用玻璃棒轻轻旋转搅动溶液,以帮助溶解。加热一般可加速溶解过程,加热时应根据被加热物质的稳定性来选用直接加热或水浴加热方法。

2.7.2 蒸发

蒸发是使溶液中溶剂量减少,溶液变浓或使溶质从溶液中结晶析出的一种操作方法。常用的蒸发容器是蒸发皿。若物质对热稳定,可以将溶液盛在蒸发皿内直接加热,否则应在水浴上蒸发。蒸发皿内所盛液体的量不应超过 2/3。若溶质的溶解度较大,应将溶液蒸发得浓一些,至溶液表面出现晶膜再停止加热,冷却后即有晶体析出。若溶质溶解度较小,或随温度变化较大,则只需蒸发至一定程度,不必等到出现晶膜就可以停止加热。

2.7.3 结晶与重结晶

2.7.3.1 结晶

结晶是在一定条件下,溶质从溶液中析出的过程。大多数物质的溶液蒸发后冷却,会析出溶质的晶体。析出晶体的颗粒大小与结晶条件有关,如果溶液浓度较高,溶质在水中的溶解度是随温度下降而显著减小的,冷却得越快,析出的晶体就越细小,否则就得到较大颗粒的结晶。搅拌溶液有利于细小晶体的生成,静置溶液有利于大晶体的生成。若溶液容易发生过饱和现象,可以用搅拌、摩擦器壁或投入几粒小晶体(晶种)等办法,使其形成结晶中心而结晶析出。

2.7.3.2 重结晶

若第一次结晶的纯度不符合要求,可重结晶提纯。重结晶适用于溶解度随温度变化而显著变化的化合物,溶解度受温度影响很小的则不适用。其方法是在加热的情况下使晶体溶于适量的溶剂中,形成饱和溶液,趁热滤去不溶性杂质,然后使滤液冷却,被纯化的物质即结晶析出,而杂质留在母液中,过滤便得到较纯净的物质。若一次重结晶达不到要求,可多次重结晶。

2.7.4 固液分离

固液(沉淀与溶液)的分离方法主要有三种:倾析法、过滤法、离心分离法。

2.7.4.1 倾析法

当沉淀的相对密度较大或晶体的颗粒较大,静置后能很快沉降至容器的底部时,常用倾析法进行分离。

如图 2.22 所示,待沉淀充分沉降后,将沉淀上部的溶液倾入另一容器中而使沉淀与溶液分离。如需洗涤沉淀,只要向盛沉淀的容器内加入少量洗涤液,将沉淀和洗涤液充分搅动均匀,待沉淀沉降到容器的底部后,再用倾析法倾去溶液。如此反复操作两三遍,即能将沉淀洗净。

2.7.4.2 过滤法

常用的过滤方法有常压过滤(普通过滤)、减压过滤(抽滤)及热过滤三种。

(1)常压过滤 它是在常压下用普通玻璃漏斗过滤的方法。当沉淀物为胶状或微细晶体时,用此法过滤较好。

过滤前,先将圆形或四方滤纸对折两次,叠成四层(方形滤纸剪成扇形),展开的滤纸一面为三层,另一面为一层的圆锥体,恰能与60°角的

图 2.22 倾析法

漏斗密合,若漏斗为非 60°角,应根据漏斗的角度适当改变滤纸折叠的角度,直到展开时,滤纸锥体的上边缘与漏斗密合为止,然后在三层滤纸的那边将外两层撕去一小角,这样可以使此处的内层滤纸更好地贴紧漏斗,否则,三层和单层滤纸交界处会有一条缝隙。用左手食指把滤纸按在漏斗的内壁上。用右手持洗瓶挤出少量蒸馏水湿润滤纸,再用洁净的玻璃棒轻压四周,使它紧贴在漏斗壁上。滤纸边缘应略低于漏斗的边缘(图 2.23)。

将放好滤纸的漏斗置于漏斗架上,调节漏斗架高度,使漏斗尖嘴靠在收集滤液的容器内壁上,先转移溶液,后转移沉淀。转移时,应将溶液沿着竖立的玻璃棒缓慢倒入漏斗中,而且玻璃棒的下端应对着滤纸三层的一边,并尽可能地接近滤纸,但不能接触滤纸(图 2.24),每次转移量不能超过滤纸容量的 2/3,以免溢过滤纸而溢下。欲使烧杯与玻璃棒分开时,应使烧杯转到直立的方向,然后移开烧杯,并将玻璃棒放回该烧杯中。

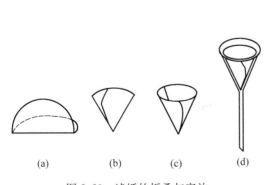

(a)   (b)   (c)   (d)

图 2.23 滤纸的折叠与安放

图 2.24 常压过滤装置

如需要洗涤沉淀，可在溶液转移后，往盛沉淀的容器中加入洗涤液，充分搅拌，待沉淀沉降后按倾析法倾出洗涤液。如此洗涤沉淀 2~3 次，最后将沉淀连同洗涤液一起转移至滤纸上。

(2)减压过滤(简称抽滤) 此法可加速过滤。对于大颗粒的沉淀或欲使沉淀较干燥，可用此法，但是胶体或细颗粒沉淀若透过滤纸或使滤纸堵塞时，不能用减压过滤分离。

减压过滤装置如图 2.25 所示，利用水泵中急速的水流不断将空气带走，从而使吸滤瓶内压力减小，在布氏漏斗的液面与吸滤瓶内造成一个压力差，提高了过滤速度。在连接水泵的橡皮管和吸滤瓶之间，安装一个安全瓶，用以防止关闭水阀或水泵后水的流量突然减小时自来水倒灌入吸滤瓶中。

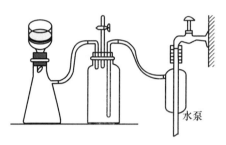

图 2.25　减压过滤装置

其操作方法：

① 将滤纸放入布氏漏斗内，滤纸大小应略小于漏斗内径又能将全部小孔盖住，为防止沉淀由滤纸四周或瓷孔漏入吸滤瓶内，用少量蒸馏水润湿滤纸。

② 按图 2.25 安装(注意漏斗斜口应对着吸滤瓶的支管)装置，微开水龙头，使滤纸紧贴在漏斗瓷板上。

③ 在抽滤下，用倾析法将溶液沿玻璃棒倒入漏斗中，加入液体量不要超过漏斗容量的 2/3，最后将沉淀一起转移至漏斗中。在抽滤过程中，吸滤瓶内的液面不得超过支管位置。

④ 洗涤沉淀时，应停止抽滤。待洗涤剂全部倒入漏斗后，再进行抽滤。

⑤ 当抽滤完毕时，要记住先拔掉橡皮管，再关水龙头。取下漏斗倒扣在滤纸或表面皿上，用洗耳球吹漏斗下口，使滤纸和沉淀脱出。滤液从吸滤瓶上口倒出。

如果过滤的固-液系统具有强酸性或强氧化性，为避免溶液和滤纸作用，可采用尼龙布或熔砂玻璃漏斗代替布氏漏斗。

(3)热过滤 某些物质在溶液温度降低时易析出结晶，为了滤除这类溶液中所含的其他难溶性杂质，通常使用热漏斗进行过滤(图 2.26)，以防止溶质结晶析出。过滤时，把玻璃漏斗放在铜质的热漏斗内，热漏斗内装有热水以维持溶液的温度。也可以在过滤前把玻璃漏斗放在水浴上用蒸汽加热，趁热过滤。热过滤时最好选用颈部较短的玻璃

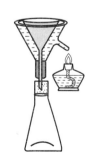

图 2.26　热过滤装置

漏斗，以免过滤时溶液在漏斗颈内停留过久，因降温析出晶体而堵塞。

2.7.4.3　离心分离法

当被分离沉淀的量很少时，用一般方法过滤后沉淀会粘在滤纸上，难以取下，可用离心分离法。实验室内常用的离心分离仪器为电动离心机(图 2.27)。操作时，把要分离的混合物放在离心管中，再把离心管装入离心机套管内，在与其相对的套管内放一盛有与离心液等体积水的离心管，以保持平衡(包括位置和质量两方面)。然后慢慢启动离心机，逐渐加速(不要快速把离心速度调至很大)。1～2 min 后，停止转动，使离心机自然停下。切勿用外力强制停止，否则易损坏离心机，且易发生危险。

离心沉降后，用滴管轻轻吸出上层清液(图 2.28)。用滴管吸清液时，应先用手在外面挤压滴管的橡皮帽，排除其中空气后，再伸入试管清液处吸取，试管中即为分离的沉淀。洗涤沉淀时，先往盛沉淀的离心试管中加入适量的洗涤液，用尖头棒充分搅拌后，再进行离心沉降，用滴管吸出上层洗涤液，如此反复洗涤 2～3 次即可。

图 2.27　电动离心机

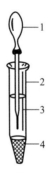

图 2.28　用小滴管吸去沉淀上的溶液
1. 小滴管　2. 离心试管　3. 溶液　4. 沉淀

2.8　试纸使用

实验室中经常会用试纸来定性检验某种物质的存在或测定物质的性质，普通化学实验中常用的试纸有 pH 试纸、石蕊试纸、酚酞试纸、醋酸铅试纸、淀粉-碘化钾试纸等，试纸检验操作简单，使用方便。

2.8.1　pH 试纸

用来测定溶液的酸碱性，分为广泛 pH 试纸和精密 pH 试纸两种。广泛 pH 试纸的变色范围是 1～14，用以粗略估计溶液的 pH。精密 pH 试纸可以较精确地估计溶液的 pH，其测量的 pH 范围有 $2.7 \sim 4.7$，$6.9 \sim 8.4$，$9.5 \sim 13.0$ 等多种，准确度可达 0.02 个 pH 单位。实际使用时可先用广泛 pH 试纸确定范围，再选用某一变色范围的精密 pH 试纸。

用 pH 试纸测定溶液的 pH 时，用镊子夹取一小片试纸放在干燥清洁的点滴板或表面皿上，用蘸有待测液的玻璃棒点试纸的中部，观察被湿润试纸的颜色变化。如果检验的是气体，应先将试纸用纯水润湿，再用镊子夹持横放在瓶口或试管口上方，观察试纸颜色变化。待 pH 试纸变色后与标准色板（比色卡）进行比较，确定 pH 或 pH 范围。

2.8.2 石蕊试纸和酚酞试纸

二者都是用来定性检验溶液酸碱性的常用试纸。石蕊试纸有红色试纸和蓝色试纸两种。碱性溶液使红色试纸变蓝，酸性溶液使蓝色试纸变红。pH 介于 4.5 到 8.3 时红蓝石蕊试纸都不会变色，所以在测试接近中性的溶液时会不太准确。酚酞试纸为白色，遇酸无色，遇碱呈红色。石蕊试纸和酚酞试纸的使用方法与 pH 试纸基本相同。

2.8.3 醋酸铅试纸

用于定性检验硫化氢气体。试纸用醋酸铅溶液浸泡过，使用时用蒸馏水润湿试纸。当含有 S^{2-} 的溶液被酸化时，逸出的硫化氢气体遇到试纸后，即与纸上的醋酸铅反应，生成黑色的硫化铅沉淀。当溶液中 S^{2-} 浓度太低时，则不易检出。

2.8.4 淀粉-碘化钾试纸

用来定性检验氧化性气体，如 Cl_2、Br_2 等。氧化性气体遇到湿的试纸后将试纸上 I^- 氧化为 I_2，I_2 立即与试纸上的淀粉作用变蓝色；如气体氧化性太强，而且浓度大时，会使 I_2 进一步氧化为 IO_3^-，使试纸变蓝后又褪色。

2.9 基本测量仪器及其使用方法

2.9.1 温度计的使用

实验室中测量温度最常用的仪器是水银温度计和酒精温度计。一般用玻璃制成，每支温度计都有一定的测量范围，通常以最高的刻度来表示，如 $100\,^{\circ}\mathrm{C}$、$200\,^{\circ}\mathrm{C}$、$360\,^{\circ}\mathrm{C}$ 等，可读数至 $0.1\,^{\circ}\mathrm{C}$，刻度为 $1/10\,^{\circ}\mathrm{C}$ 的温度计也有多种规格，如 $0 \sim 50\,^{\circ}\mathrm{C}$、$50 \sim 100\,^{\circ}\mathrm{C}$、$-30 \sim 20\,^{\circ}\mathrm{C}$、$-20 \sim 50\,^{\circ}\mathrm{C}$ 等，可读数至 $0.01\,^{\circ}\mathrm{C}$。

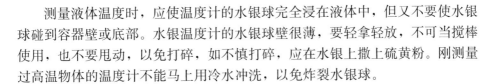

测量液体温度时，应使温度计的水银球完全浸在液体中，但又不要使水银球碰到容器壁或底部。水银温度计的水银球壁很薄，要轻拿轻放，不可当搅棒使用，也不要甩动，以免打碎，如不慎打碎，应在水银上撒上硫黄粉。刚测量过高温物体的温度计不能马上用冷水冲洗，以免炸裂水银球。

2.9.2　秒表的使用

秒表是准确测量时间的仪器，有各种型号规格。实验室常用的秒表有两个指针，长针为秒针，短针为分针，表盘上也相应有两圈刻度，分别表示秒和分的数值，秒针转一周为 30 s 或 60 s，分针转一周为 15 min。这种秒表可读准至 0.01 s，表上端有一柄头，用来旋紧发条，控制表的启动和停止。

使用前先旋紧发条，使用时用手握住表体，拇指或食指按柄头，按一下，表即走动；再按一下，分针、秒针都停止，可以读数；第三次再按，则秒针和分针都恢复原位。

秒表使用前要检查零点，如秒针不指零，应记下差值，以便对读数进行校正。秒表不能和有磁性的物体放在一起，秒表使用完后，应让表继续走动，直到发条完全放松。

2.9.3　相对密度计的使用

相对密度计是用来迅速而简便地测定液体相对密度的仪器。有两大类：一类用来测定密度大于 1 g·mL^{-1} 的液体的密度，称为重表；另一类用来测定密度小于 1 g·mL^{-1} 的液体的密度，称为轻表。相对密度计是基于浮力原理，其上部细管内有刻度标签表示相对密度，下端球体内装有铅粒或水银。将相对密度计放入液体样品中即可直接读出其相对密度，该法适用于量大且准确度要求不高的测量，操作简便迅速。

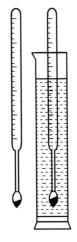

测量时，先把要测定密度的液体注入大量筒中，待测液体要有足够的深度，将相对密度计洗净擦干，使其慢慢沉入待测样品中，不要突然松手，以免打碎，再轻轻按下少许，使相对密度计上端也被待测液湿润，然后任其自然上升，待相对密度计不再晃动且又不与量筒接触时，方可读数，读数时视线要与弯月面的最低点相切，一般的相对密度计有两行刻度，一行是相对密度，另一行是波美度，二者可进行换算。见图 2.29。

图 2.29　相对密度计和液体相对密度的测定

2.9.4 酸度计的使用

酸度计也称 pH 计，是用来测量溶液 pH 及氧化还原电对电极电势的常用仪器。酸度计有多种规格和型号，它们的构造略有不同，但工作原理基本相同。用酸度计测量 pH 时，是在待测液中插入一对工作电极(一支为电极电势已知、恒定的参比电极，另一支为电极电势随待测液离子浓度变化而变化的指示电极)构成原电池，并接上酸度计，即可测得该电池的电动势。由于待测液的 pH 不同，所产生的电动势也不同，因此，用酸度计测量溶液的电动势，就可以测得溶液的 pH。

为了省去将电动势换算为 pH 的计算手续，通常将测得的电动势在酸度计上直接表示出来。同时仪器还安装了定位调节器。测量时，先用 pH 标准缓冲溶液，通过定位调节器使指针恰好指在标准缓冲溶液的 pH 处。这样，在测定待测溶液时，指针就指在待测溶液的 pH。下面以 pHS-3C 数字式酸度计为例，简要说明酸度计的操作步骤及使用注意事项。

2.9.4.1 基本原理及构造

pHS-3C 型酸度计是一种实验室用的精密数字显示 pH 计，其测量范围宽，重复性好，误差小。

pH 指示电极、参比电极、被测试液组成测量电池。指示电极的电极电势随被测溶液的 pH 变化而变化，而参比电极的电极电势不随 pH 的变化而变化，它们符合能斯特方程中电极电势与离子活度之间的关系。目前实验室常用的电极为复合电极，其优点是使用方便，不受氧化性或还原性物质的影响，且平衡速率较快。仪器设置了稳定的定位调节器和斜率调节器。前者用来抵消测量电池的起始电势，使仪器的示值与溶液的实际 pH 相等；而后者通过调节放大器的灵敏度使 pH 整量化。

pHS-3C 型酸度计如图 2.30 所示。

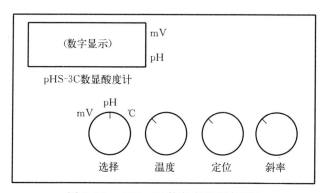

图 2.30 pHS-3C 数字式酸度计面板

2.9.4.2　测定 pH 的方法

(1)安装

① 安装好电极梗及电极夹，pH 复合电极安装在电极架上，拔下复合电极下端的电极保护套，拉下上端的橡胶套并使加液口外露，用去离子水清洗电极。

② 打开仪器后部的电源开关，将测量选择开关调到 pH 挡，此时 pH 指示灯亮，预热半小时。

(2)标定

① 用去离子水清洗电极，用洁净滤纸吸去电极表面的水，然后将电极放入装有 pH＝6.86 的标准缓冲溶液的小烧杯中(注意电极的敏感玻璃球需完全浸入溶液中)，轻轻摇动烧杯，消除气泡并使溶液尽快达到扩散平衡，把选择开关置于"温度"位，调节"温度补偿"旋钮，使仪器显示的温度值与被测溶液当前温度一致，则温度补偿设置完成。注意：缓冲溶液与待测定溶液的温度必须一致。

② 把选择开关置于"pH"位，显示 pH，调节"定位"旋钮，使显示值与 pH＝6.86 混合磷酸盐标准缓冲溶液 pH 一致。

③ 将电极取出，洗净、吸干，放入 pH＝4.00 邻苯二甲酸氢钾标准缓冲溶液中，摇匀，待读数稳定后，调节斜率旋钮，使显示值为该标准缓冲溶液的 pH。

④ 反复进行上述②、③步骤，直到显示值符合两标准 pH 为止。经标定后的"定位"和"斜率"旋钮不得再变动。

标定一般第一次用 pH＝6.86 的缓冲溶液，第二次用接近溶液 pH 的缓冲溶液，如被测溶液为酸性，应选 pH＝4.00 的缓冲溶液；如被测溶液为碱性，则选 pH＝9.18 的缓冲溶液。一般情况下，在 24h 内仪器不需再标定。经标定的仪器定位及斜率调节旋钮不应再有变动。定位过程结束后，进入测量状态。

(3)测量 pH　用去离子水清洗电极头部，吸干，再用被测溶液冲洗电极一次。将电极浸入被测溶液中，沿台面摇动盛液器皿，使溶液均匀，在显示屏上读出溶液的 pH。

若被测溶液与定位溶液的温度不同时，则先调节"温度"调节旋钮，使白线对准被测溶液的温度值，再将电极插入被测溶液中，沿台面摇动盛液器皿，使溶液均匀，在显示屏上读数稳定后读出溶液的 pH。

完成测试后，移走溶液，用去离子水冲洗电极，吸干，套上电极保护套，关闭电源，结束实验。

2.9.4.3　注意事项

(1)仪器的输入端(包括电极插孔与插头)必须保持干燥清洁。电极的引出端必须保持干净和干燥，绝对防止短路。

（2）复合电极不用时，要浸泡在电极浸泡液中。切忌用洗涤液或其他吸水性试剂浸洗。使用前，检查玻璃电极前端的球泡。正常情况下，电极应该透明而无裂纹；球泡内要充满溶液，不能有气泡存在。使用时，将电极加液口上所套的橡胶套拉下，以保持电极内氯化钾溶液的液压差。

（3）在使用复合电极时，溶液一定要超过电极头部的陶瓷孔。电极插入溶液后要充分搅拌均匀（2～3 min），待溶液静止后（2～3 min）再读数。

（4）用标准溶液标定时，首先要保证标准缓冲溶液的精度，否则将引起严重的测量误差。仪器标定好后，不能再动定位和斜率旋钮，否则必须重新标定。

2.9.4.4　复合电极

把 pH 玻璃电极和参比电极组合在一起的电极就是 pH 复合电极。相对于两个电极而言，复合电极最大的好处就是使用方便。pH 复合电极主要由电极球泡、玻璃支持杆、内参比电极、内参比溶液、外壳、外参比电极、外参比溶液、液接界、电极帽、电极导线、插口等组成。实验室较常用的 pH 复合电极见图2.31。

应正确使用 pH 复合电极。球泡前端不应有气泡，如有气泡应用力甩去。电极从浸泡液中取出后，应在去离子水中晃动，取出吸干，不要擦拭球泡（否则由于静电感应电荷转移到玻璃膜上，会延长电势稳定的时间），使用被测溶液冲洗电极。复合电极插入被测溶液后，将溶液轻摇几下再静置，这样会加快电极的响应。

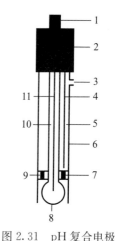

图 2.31　pH 复合电极

1. 导线　2. 密封塑料　3. 加液孔

4. Ag - AgCl 外参比电极

5. 1 mol·L^{-1} KCl　6. 聚碳酸树脂

7. 细孔陶瓷　8. 玻璃薄膜球

9. 密封胶　10. 0.1 mol·L^{-1} HCl

11. Ag - AgCl 内参比电极

第二部分 >>>

普通化学实验内容

第3章 基础性实验

实验一　溶液的配制

一、实验目的

1. 掌握一般溶液的配制方法和基本操作。
2. 熟悉有关浓度计算方法。

二、实验原理

普通化学实验中常配制的溶液有两种：一般溶液和标准溶液。

1. 一般溶液的配制　配制一般溶液常用的方法有三种：直接水溶法、介质水溶法和稀释法。

（1）直接水溶法　对于一些易溶于水而不发生水解或水解程度较小的固体试剂，如 $NaOH$、Na_2SO_4、$H_2C_2O_4$ 等，在配制其水溶液时，可根据所配制的溶液的物质的量浓度和体积，计算出所需固体试剂的质量。用电子天平（称量精确度 0.01 g）或托盘天平称取所需量的固体试剂倒入烧杯中，再用量筒量取所需的蒸馏水也注入烧杯中，搅拌，使固体完全溶解，即得所需的水溶液。将溶液倒入试剂瓶中，贴上标签备用。

（2）介质水溶法　对于易水解的固体试剂，如 $FeCl_3$、$SnCl_2$、$CuSO_4$ 等，在配制其水溶液时，应根据所配溶液的物质的量浓度和体积，计算出所需溶质的质量，称取所需量的试剂于烧杯中，然后加入适量的一定浓度的相应酸液或碱液使其溶解，再用量筒量取所需的蒸馏水注入烧杯中，搅拌均匀后转移至试剂瓶中，贴上标签备用。

（3）稀释法　对于液体试剂，如盐酸、硫酸、硝酸等，在配制其稀溶液时，先用相对密度计测出液体（或浓溶液）试剂的相对密度，从附录中查出其相应的质量分数 (w)，根据 $c(B) = \dfrac{1\ 000\ \text{mL} \times \rho w/M}{1\ \text{L}}$，算出 $c(B)$。式中，ρ 为密度，其数值近似等于相对密度，单位为 $g \cdot mL^{-1}$，再根据 $c(B)V(B) = c'(B)V'(B)$ 算出配制一定体积物质的量浓度溶液所需液体或浓溶液的体积 $V(B)$ 和水的体积。用量筒量取所需的水加入烧杯中，再量取 $V(B)$ 的液体或浓溶液注入已盛有水的烧杯中，用玻璃棒搅匀，存入贴上标签的公用试剂瓶中备用。需注意：在配制硫酸溶液时，应在不断搅拌下，缓慢地将浓硫酸倒入盛水的容器中，切不可将操作顺序倒过来。

一些见光易分解或易发生氧化还原反应的溶液，要防止保存期间失效，最好现配现用。另外，Sn^{2+} 及 Fe^{2+} 的溶液中可分别加入一些锡粒、铁屑，以避免 Sn^{2+} 和 Fe^{2+} 氧化。$AgNO_3$、$KMnO_4$、KI 等溶液应贮于干净的棕色瓶中。

2. 标准溶液的配制　已知准确浓度的溶液称为标准溶液。配制标准溶液常用的方法有三种：直接法、标定法和稀释法。直接法和标定法将在定量分析化学实验中讨论。

稀释法是用已知准确浓度的浓标准溶液配制所需准确浓度的稀标准溶液。根据 $c(浓溶液)V(浓溶液)=c(稀溶液)V(稀溶液)$ 算出配制准确浓度溶液所需已知浓溶液的用量。然后用移液管(或吸量管)吸取所需溶液注入给定体积的容量瓶中，再加蒸馏水至标线处，摇匀后转移至试剂瓶中，贴上标签备用。

三、仪器和试剂

仪器：量筒(10 mL、100 mL)、量筒(500 mL)(供相对密度计配套使用)、烧杯(100 mL、250 mL)、移液管(25 mL)、容量瓶(100 mL)、试剂瓶(供回收所配溶液使用)、电子天平(称量精确度 0.01 g)或托盘天平、相对密度计。

试剂：HCl(待测)、H_2SO_4 (0.1 mol·L^{-1})、$H_2C_2O_4$ (0.400 0 mol·L^{-1})、$CuSO_4$·$5H_2O$(固)。

四、实验内容

1. 0.1 mol·L^{-1} HCl 溶液的配制　用相对密度计测定出 HCl 的相对密度并从附录 3 中查出质量分数，算出所测 HCl 的物质的量浓度 $c(B)$，再算出要配制 100 mL 0.1 mol·L^{-1} HCl 溶液所需物质的量浓度为 $c(B)$ 的 HCl 的体积和水的体积。用量筒量取所需的水加入烧杯中，再量取所需的 HCl 注入已盛有水的烧杯中，用玻璃棒搅匀，存入贴上标签的公用试剂瓶中备用。

2. 0.1 mol·L^{-1} $CuSO_4$ 溶液的配制　计算配制 100 mL 0.1 mol·L^{-1} $CuSO_4$ 溶液所需 $CuSO_4$·$5H_2O$ 固体的质量，称取所需 $CuSO_4$·$5H_2O$ 固体倒入烧杯中，用量筒量取 10 mL 0.1 mol·L^{-1} H_2SO_4 于烧杯中，再加入 90 mL 蒸馏水，搅拌均匀，存入贴上标签的公用试剂瓶中备用。

3. 由准确浓度的较浓溶液配制准确浓度的较稀溶液　用移液管准确移取 25.00 mL 0.400 0 mol·L^{-1} $H_2C_2O_4$ 溶液于 100 mL 容量瓶中，用蒸馏水稀释至刻度线，经充分摇匀转入已贴上标签的公用试剂瓶中，算出稀释后草酸溶液的准确浓度(保留 4 位有效数字)。

五、思考题

1. 配制一般溶液常用的方法有哪几种? 配制标准溶液常用的方法有哪几种?

2. 现欲配制 3 mol·L^{-1} H_2SO_4 溶液 500 mL，需要相对密度为 1.84、质量分数为 96% 的 H_2SO_4 溶液多少毫升? 如何配制?

3. 本实验配制 0.1 mol·L^{-1} $CuSO_4$ 溶液时，为什么加水溶解之前要加稀 H_2SO_4?

4. 为什么移液管使用前要用待取液润洗，而量筒不需要?

实验二　吸附与胶体

一、实验目的

1. 了解溶胶的制备和聚沉的方法，验证胶体溶液的性质。
2. 加深理解固体在溶液中的吸附作用。

二、实验原理

溶胶是一种高度分散的多相系统，要制备比较稳定的胶体溶液，原则上有两种方法：分散法和凝聚法。分散法就是在一定条件下将大颗粒的分散质粒子变小使其分散为胶粒的方法，如用机械粉碎、超声波粉碎等。实验室制备溶胶一般采用凝聚法，凝聚法就是将分子或离子相互聚合成胶体粒子的方法，通常又分为以下两种：①改换介质法：当一种溶液加到另一种对溶质来说是难溶的，而对溶剂来说是相溶的液体中时，便会降低溶质的溶解度，使其分子凝聚起来，成为难溶状态的微粒分散在溶剂中，所得的溶液即为胶体溶液。本实验中硫溶胶的制备即是采用该方法。②化学凝聚法：通过化学反应使生成物呈饱和状态，然后粒子再相互结合而成溶胶。最常用的是复分解反应和水解反应。

溶胶具有三大特性：丁达尔效应、布朗运动和电泳，其中常用丁达尔效应来区别溶胶与真溶液，用电泳来验证胶粒所带的电荷的符号。

胶团的双电层结构及溶剂化膜是溶胶暂时稳定的原因。若向溶胶中加入电解质、加热或加入带异号电荷的溶胶，都会破坏胶团的双电层结构和溶剂化膜，导致溶胶的聚沉。电解质使溶胶聚沉的能力主要取决于与胶粒所带电荷相反的离子电荷数，电荷数越高，聚沉能力越强。

固体具有较大的表面能，因而具有吸附作用。固体在溶液中对溶质的吸附可以是分子吸附，也可以是离子吸附。如活性炭对品红的吸附为分子吸附，而溶胶的胶核通常采取离子选择吸附。

三、仪器和试剂

仪器：试管、量筒（10 mL、100 mL）、烧杯（100 mL、250 mL）、U 形电泳仪、直流稳压电源、导线、观察丁达尔效应的装置、电炉、石棉网。

试剂：H_2S（饱和）、KNO_3（0.1 mol·L^{-1}）、$FeCl_3$（2%）、$AlCl_3$（0.01 mol·L^{-1}）、$BaCl_2$（0.01 mol·L^{-1}）、$NaCl$（2 mol·L^{-1}）、K_2SO_4（0.01 mol·L^{-1}）、$K_3[Fe(CN)_6]$（0.01 mol·L^{-1}）、酒石酸锑钾（0.5%）、活性炭、品红溶液、硫的饱和酒精溶液。

四、实验内容

1. 溶胶的制备

(1)改换介质制备硫溶胶　在盛有 2 mL 水的试管中，逐滴加入硫的饱和酒精溶液 8 滴，边加边摇动，观察所得硫溶胶的颜色。

(2)利用水解反应制备 $Fe(OH)_3$ 溶胶　取 25 mL 蒸馏水于小烧杯中，加热煮沸后，慢慢从量筒倒入 4 mL $FeCl_3$（2%）溶液，并不断搅拌，继续煮沸 1～2 min，观察溶液颜色的变化。所得溶胶保留待用。

(3)利用复分解反应制备 Sb_2S_3 溶胶　取 20 mL 酒石酸锑钾（0.5%）溶液于小烧杯中，逐滴加入饱和 H_2S 溶液（在通风橱中进行），并不断搅拌，直至溶液变为橙红色为止。所得溶胶保留待用。

2. 溶胶的性质

(1)溶胶的光学性质——丁达尔效应（演示）　取前面所制的 $Fe(OH)_3$ 溶胶装在丁达尔效应装置中，观察丁达尔效应（图 3.1），解释所观察到的现象。

(2)溶胶的电学性质——电泳（演示）　取一个 U 形电泳仪，将 6～7 mL 蒸馏水由中间漏斗注入 U 形管内，滴加 0.1 mol·L^{-1} KNO_3 溶液 4 滴，然后缓缓地注入前面所得的 $Fe(OH)_3$ 溶胶，分别插入碳棒，接通直流电源，电压调至 30～40 V（图 3.2）。20 min 后，观察现象，并解释之。

3. 溶胶的聚沉

(1)电解质对溶胶的聚沉作用　① 取 3 支试管，各加入 2 mL Sb_2S_3 溶胶[实验 1.(3)自制]，边振荡边向各试管中逐滴加入不同的电解质溶液，依次为

0.01 mol·L^{-1} AlCl$_3$ 溶液、0.01 mol·L^{-1} BaCl$_2$ 溶液和 2 mol·L^{-1} NaCl 溶液，直至出现聚沉现象为止，记下各电解质所需的滴数，并解释溶胶开始聚沉所需电解质溶液的量与电解质中电荷的关系。

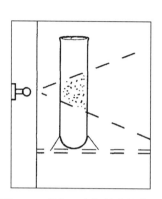

图 3.1　观察丁达尔效应的装置

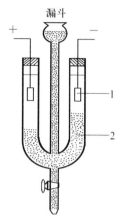

图 3.2　简单的电泳装置
1. 电极　2. 溶胶

② 取 3 支试管，各加入 2 mL Fe(OH)$_3$ 溶胶［实验 1.（2）自制］，分别滴加 2 mol·L^{-1} NaCl 溶液、0.01 mol·L^{-1} K$_2$SO$_4$ 溶液和 0.01 mol·L^{-1} K$_3$[Fe(CN)$_6$] 溶液，边加边振荡，直至出现聚沉现象为止，记下各种电解质所需的滴数，比较三种电解质的聚沉能力。

（2）异号电荷溶胶的相互聚沉　将 1 mL Fe(OH)$_3$ 溶胶和 1 mL Sb$_2$S$_3$ 溶胶混合，振荡试管，观察现象，并加以解释。

（3）加热对溶胶的聚沉作用　将盛有 10 mL Sb$_2$S$_3$ 溶胶的小烧杯置于电炉上加热至沸，观察有何变化，并加以解释。

4. 固体在溶液中的吸附作用　取一支试管，滴入 10 滴蒸馏水，再滴加 1~2 滴品红溶液，此时溶液呈红色，加入少许活性炭，振荡 1~2 min 后，静置，观察溶液是否还有颜色，解释所观察到的现象。

五、思考题

1. 怎样使溶胶聚沉？不同电解质对溶胶的聚沉作用有何差异？

2. 溶胶稳定存在的原因是什么？

3. 用等体积的 0.5 mol·L^{-1} KI 溶液和 0.1 mol·L^{-1} AgNO$_3$ 溶液混合制备 AgI 溶胶，用电解质 Mg(NO$_3$)$_2$ 和 K$_3$PO$_4$ 使之聚沉，哪种电解质对此溶胶的聚沉能力大？

实验三　化学反应标准摩尔焓变的测定

一、实验目的

1. 掌握测定化学反应标准摩尔焓变的一般原理和方法。
2. 进一步练习温度计、移液管的使用方法。
3. 掌握数据的测定、记录、整理和计算。

二、实验原理

化学反应常伴随有能量的变化，通常是化学能与热能的转化。对任一化学反应，若反应过程中无非体积功，当生成物的温度与反应物的温度相同时，该反应放出或吸收的热量称为该化学反应的热效应，也称反应热。若化学反应在恒压条件下进行，反应的热效应称为恒压热效应(Q_p)。若反应在标准状态下进行，反应的标准摩尔焓变($\Delta_r H_m^{\ominus}$)在数值上等于$Q_{p,m}$。因此通常可以用量热的方法测定化学反应的标准摩尔焓变。

热效应通常可以由实验测得。测定反应热的方法很多，量热计是测定反应热效应的常用仪器。本实验采用普通保温杯和分刻度为 0.1 ℃的温度计作为简易量热计，假设反应是在绝热的条件下进行，通过测定反应系统前后温度的变化和量热计的比热容，可求得该反应的热效应。本实验以锌粉和硫酸铜溶液反应为例，相应的反应式如下：

$$Zn + Cu^{2+} = Cu + Zn^{2+} \qquad \Delta_r H_m^{\ominus}(298.15\ K) = -218.7\ kJ \cdot mol^{-1}$$

反应热效应的计算公式为

$$Q_{p,m} = \Delta_r H_m^{\ominus} = -\frac{\Delta T \cdot (C \cdot V \cdot \rho + C_p)}{n \times 1\ 000} \qquad (3.1)$$

式中：ΔT——反应前后溶液的温差，$\Delta T = T_2 - T_1$，单位为 K；

　　　C——溶液的比热容，单位为 J·g^{-1}·K^{-1}(本实验采用的硫酸铜是稀溶液，故可将比热容视为水的比热容 4.18 J·g^{-1}·K^{-1})；

　　　V——溶液的体积，单位为 mL；

　　　ρ——溶液的密度，近似等于 1.02 g·mL^{-1}；

　　　n——体积为 V 的溶液中 CuSO$_4$ 的物质的量，单位为 mol；

　　　C_p——量热计的热容，单位为 J·K^{-1}。

量热计的热容是指量热计温度每升高 1 ℃所需要吸收的热量。

由于化学反应所产生的热量，除了使溶液温度升高外，还使保温杯温度升高，故要进行量热计热损失的测定和计算。

量热计热容的测定方法如下：往量热计中盛一定质量($m_{冷}$)、温度为 T_c 的冷水后，迅速加入相同质量、温度为 T_h 的热水，测得混合后水的温度为 T_f，则热水放出的热量 $Q_1 = (T_h - T_f)C \cdot m_{热}$，冷水吸收的热量 $Q_2 = (T_f - T_c)C \cdot m_{冷}$，量热计热容为

$$C_p = \frac{Q_1 - Q_2}{T_f - T_c} \qquad (3.2)$$

三、仪器和试剂

仪器：量筒(100 mL)、烧杯(100 mL)、移液管(100 mL)、水银温度计(0~50 ℃，且具有 0.1 ℃刻度)、普通温度计(0~100 ℃)、保温杯、电子天平(称量精确度 0.01 g)或托盘天平、电炉或恒温水浴锅。

试剂：硫酸铜标准溶液(约 0.2 mol·L^{-1})、锌粉(C.P.)、滤纸。

四、实验内容

1. 量热计热容的测定

(1)洗净做量热计用的保温杯，用滤纸条吸干保温杯中的水，用量筒量取50 mL自来水，加入洁净、干燥的保温杯中，调整温度计的高度(注意温度计的水银球，既要浸到液体中，又不能碰到杯底部或杯壁)，装置如图3.3所示。盖好盖子后，静置保温杯，至温度计温度不再变化，读出冷水的温度 T_c。

(2)再用量筒量取 50 mL 自来水，加入小烧杯中，于电炉上加热至比 T_c 高出约 20 ℃，准确测定热水的温度 T_h。

(3)迅速将热水倒入保温杯中，盖严后水平摇动保温杯至温度不再上升(约需 1 min)，读出混合后的最高水温 T_f。

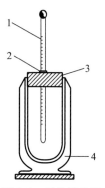

图 3.3　量热计装置
1. 温度计　2. 橡皮圈
3. 泡沫塑料塞
4. 保温杯

2. 反应标准摩尔焓变的测定

(1)称取 3 g 锌粉。

(2)用移液管移取约 0.2 mol·L^{-1} 的硫酸铜标准溶液 100.00 mL，置于洁净、干燥的保温杯中，盖好盖子。

(3)轻轻水平摇动保温杯至温度恒定(约需 2 min)，读取反应前硫酸铜溶液的温度 T_1。

（4）迅速向溶液中倒入 3 g 锌粉，立即盖好盖子。为使反应完全，要水平轻轻摇动保温杯，摇动时注意不要使溶液溢出，同时不断读取并记录温度计读数，待温度不再上升时，继续测定 1 min，记录反应后溶液温度上升的最高温度 T_2。

五、数据记录及处理

将实验中所测数据记录在表 3.1 和表 3.2 中。

表 3.1 量热计热容测定

冷水温度 T_c/℃		水的比热容 C/(J·g^{-1}·K^{-1})		4.18
热水温度 T_h/℃		热水放出的热量 Q_1/J		
冷、热水混合后温度 T_f/℃		冷水吸收的热量 Q_2/J		
冷水的质量 $m_冷$/g		量热计热容 C_p/(J·K^{-1})		
热水的质量 $m_热$/g				

注：温度对体积的影响忽略不计，则 $m_热 = m_冷$。

表 3.2 反应标准摩尔焓变的测定

反应前的温度 T_1/℃		$CuSO_4$ 溶液的物质的量 n/mol		
反应后的温度 T_2/℃		$CuSO_4$ 溶液的密度 ρ/(g·mL^{-1})		1.02
反应前后温度差 ΔT/℃		溶液的比热容 C/(J·g^{-1}·K^{-1})		4.18
$CuSO_4$ 溶液的体积 V/mL		$\Delta_r H_m^\ominus$/(kJ·mol^{-1})		
$CuSO_4$ 溶液的浓度 c/(mol·L^{-1})				

六、思考题

1. 根据实验结果如何计算反应的标准摩尔焓变？

2. 本实验中所用锌粉为何只需用电子天平（称量精确度 0.01 g）或托盘天平称量，而对 $CuSO_4$ 溶液的浓度和体积要求比较准确？

3. 本实验对所用量热器应有什么要求？是否允许有残留水滴？是否需要用 $CuSO_4$ 溶液润洗？为什么？

4. 试分析本实验测定结果产生误差的原因有哪些？你认为主要原因是什么？

实验四　化学反应速率与化学平衡

一、实验目的

1. 掌握测定过二硫酸铵氧化碘化钾的反应速率的原理和方法。
2. 加深理解浓度、温度、催化剂对化学反应速率的影响。
3. 加深理解浓度、温度对化学平衡的影响。

二、实验原理

在溶液中，过二硫酸铵与碘化钾发生如下反应：

$$(NH_4)_2S_2O_8 + 2KI \Longrightarrow (NH_4)_2SO_4 + K_2SO_4 + I_2$$

离子方程式如下：

$$S_2O_8^{2-} + 2I^- \Longrightarrow 2SO_4^{2-} + I_2 \tag{1}$$

本实验中只能测得一段时间间隔（Δt）内反应的平均速率 $\bar{v}$，我们近似地用平均速率 $\bar{v}$ 代替瞬时速率 v。如果用 $\Delta c(S_2O_8^{2-})$ 表示 $S_2O_8^{2-}$ 在 Δt 时间内物质的量浓度的改变值，则有

$$v \approx \bar{v} = -\frac{\Delta c(S_2O_8^{2-})}{\Delta t}$$

为了能够测出在一定时间间隔（Δt）内的 $\Delta c(S_2O_8^{2-})$，在混合 $(NH_4)_2S_2O_8$ 和 KI 的同时，加入一定体积已知浓度并含有淀粉的 $Na_2S_2O_3$ 溶液，这样在反应(1)进行的同时，也进行着如下反应：

$$2S_2O_3^{2-} + I_2 \Longrightarrow S_4O_6^{2-} + 2I^- \tag{2}$$

反应(2)进行得非常快，几乎瞬间完成。即反应(1)生成的 I_2 立即与 $S_2O_3^{2-}$ 作用，生成无色的 $S_4O_6^{2-}$ 和 I^-。在开始的一段时间内，看不到碘与淀粉作用而显蓝色。但是，一旦 $Na_2S_2O_3$ 耗尽，由反应(1)继续生成的 I_2 就立即与淀粉反应而使溶液显出特有的蓝色。从反应(1)、(2)的关系可以看出，$c(S_2O_8^{2-})$ 减少量总是等于 $c(S_2O_3^{2-})$ 的减少量的一半，即

$$\Delta c(S_2O_8^{2-}) = \frac{\Delta c(S_2O_3^{2-})}{2}$$

由于在 Δt 时间内 $S_2O_3^{2-}$ 全部耗尽，浓度最后为零，所以 $\Delta c(S_2O_3^{2-})$ 的绝对值实际上就是反应开始时 $Na_2S_2O_3$ 的浓度。在本实验中，每份混合液中 $Na_2S_2O_3$ 的起始浓度都是相等的，因而 $\Delta c(S_2O_3^{2-})$ 也都是相同的。这样，只要记录下从反应开始到溶液显蓝色所需时间 Δt，就可以求算出反应速率：

$$v \approx \bar{v} = -\frac{\Delta c(S_2O_8^{2-})}{\Delta t} = -\frac{\Delta c(S_2O_3^{2-})}{2\Delta t} = \frac{c_0(S_2O_3^{2-})}{2\Delta t}$$

实验中，通过改变反应 $S_2O_8^{2-}$ 和 I^- 的初始浓度，测定消耗等量的 $S_2O_3^{2-}$ 的物质的量浓度 $\Delta c(S_2O_3^{2-})$ 所需要的不同的时间间隔(Δt)，计算得到反应物不同初始浓度对应的反应速率。

催化剂能改变反应的活化能，对反应速率有很大影响，H_2O_2 的分解反应在加入催化剂 MnO_2 后反应速率加快。

可逆反应进行到一定程度时，就会建立化学平衡。化学平衡是动态平衡，如果外界条件发生改变，平衡就向减弱这种改变的方向移动，从而建立起新的平衡。本实验通过浓度、温度的改变来观察化学平衡的移动。

三、仪器和试剂

仪器：试管、量筒(10 mL)、锥形瓶(250 mL)、电热恒温水浴锅、温度计(0～100 ℃)、秒表、装有 $NO_2 - N_2O_4$ 的平衡球。

试剂：$(NH_4)_2S_2O_8(0.2\ mol \cdot L^{-1})$、$KI(0.2\ mol \cdot L^{-1})$、含 0.05% 淀粉的 $Na_2S_2O_3(0.01\ mol \cdot L^{-1})$、$FeCl_3(0.2\ mol \cdot L^{-1})$、$NH_4SCN(0.5\ mol \cdot L^{-1})$、$H_2O_2(30\%)$、$MnO_2$(固体)。

四、实验内容

1. **浓度对化学反应速率的影响**　在室温下，按表 3.3 编号第 Ⅰ 组试剂用量，分别用量筒量取 10 mL 0.2 mol·L^{-1} KI 溶液、5 mL 0.01 mol·L^{-1} 含有淀粉的 $Na_2S_2O_3$ 溶液，注入锥形瓶中混匀，然后用另一只量筒量取 10 mL 0.2 mol·L^{-1} $(NH_4)_2S_2O_8$ 溶液迅速加入锥形瓶中，同时按动秒表开始计时，并充分摇动锥形瓶，观察瓶内颜色的变化，当反应溶液中刚出现蓝色时，立即按停秒表，记录反应时间，将反应时间填入表 3.3 中。用同样的方法按照表 3.3 中编号第 Ⅱ 到第 Ⅳ 组试剂的用量进行另外三次实验。分别测出各组试剂用量的反应时间填入表 3.3 中，计算出各组试剂的化学反应速率。

表 3.3　浓度对化学反应速率的影响

室温_____℃

	实验编号	Ⅰ	Ⅱ	Ⅲ	Ⅳ
试剂用量 V/mL	0.2 mol·L^{-1} $(NH_4)_2S_2O_8$	10	5	2.5	10
	0.2 mol·L^{-1} KI	10	10	10	5
	0.01 mol·L^{-1} $Na_2S_2O_3$(含有淀粉)	5	5	5	5
	蒸馏水	0	5	7.5	5

（续）

	实验编号	I	II	III	IV
混合液中反应物的起始浓度 $c/(mol \cdot L^{-1})$	$(NH_4)_2S_2O_8$				
	KI				
	$Na_2S_2O_3$				
反应时间 $\Delta t/s$					
反应速率 $v/(mol \cdot L^{-1} \cdot s^{-1})$					
结论					

2. 温度对化学反应速率的影响　按表3.3编号第III组试剂的用量，用量筒将$(NH_4)_2S_2O_8$量好单独装于小试管中，其他三种试剂用量筒量好装于另一锥形瓶中混匀，分别放在比室温高 $10 \sim 20\ ℃$ 的电热恒温水浴锅中先预热 $3 \sim 5\ min$，使温度达平衡。然后快速将$(NH_4)_2S_2O_8$倒入锥形瓶中混合，摇动并计时，到溶液出现蓝色时按停秒表，记录反应时间，将反应时间填入表3.4中。

表3.4　温度对化学反应速率的影响

实验编号	反应温度 $t/℃$	反应时间 $\Delta t/s$	结论
III	室温		
V	水浴温度		

3. 催化剂对化学反应速率的影响　在试管中加 $1\ mL\ H_2O_2$（30%）溶液，观察是否有气泡产生。

在另一支试管中加入 $1\ mL\ H_2O_2$（30%）溶液，再加极少量（约绿豆大）已灼烧过的 MnO_2 固体，观察气泡产生的速率，并与上述实验进行比较。

4. 浓度对化学平衡的影响　在盛有 $10\ mL$ 水的小烧杯中加入$0.2\ mol \cdot L^{-1}$ $FeCl_3$ 及 $0.5\ mol \cdot L^{-1}\ NH_4SCN$ 溶液各一滴，此时生成红色配合物$[Fe(NCS)_6]^{3-}$，将这份溶液分装在 3 支小试管中，第一支留做比较用。

（1）在第二支试管中加入 $0.2\ mol \cdot L^{-1}\ FeCl_3$ 溶液 2 滴，观察溶液颜色有何变化，此时试管中还有原来的 NH_4SCN 吗？

（2）在第三支试管中加入 $0.5\ mol \cdot L^{-1}\ NH_4SCN$ 溶液 2 滴，观察溶液颜色有何变化，此时试管中还有原来的 $FeCl_3$ 吗？试说明第一支试管中反应是否完全，增加反应物浓度对反应有何影响？

5. 温度对化学平衡的影响 取一个带有两个圆球的密闭玻璃管(图 3.4),其中装有 NO_2 气体,这时球内存在下列平衡:

$$2NO_2(红棕色)\rightleftharpoons N_2O_4(无色)$$

将一球浸入热水中,另一球浸入冷水中,观察球内颜色的变化,并解释实验现象。根据实验现象判断该反应是吸热反应还是放热反应。

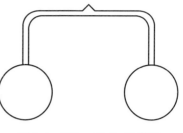

图 3.4　NO_2 - N_2O_4 平衡球

五、思考题

1. 实验中为什么可以由反应溶液出现蓝色时间的长短来计算反应速率?混合溶液出现蓝色后,反应是否就终止了?

2. $Na_2S_2O_3$ 的用量过多或过少,对实验结果会有什么影响?

3. 影响化学反应速率的因素有哪些?影响化学平衡移动的因素有哪些?

实验五　醋酸解离度和解离常数的测定

一、实验目的

1. 加深对解离度和解离常数概念的理解。
2. 学习使用酸度计测定醋酸解离度和解离常数的原理和方法。
3. 进一步熟悉溶液的配制及移液管和容量瓶的使用与操作。

二、实验原理

醋酸(CH_3COOH,简写 HAc)是一元弱酸,在水溶液中存在着以下解离平衡:

$$HAc+H_2O\rightleftharpoons H_3O^++Ac^-$$

若设 c_0 为 HAc 的起始浓度,α 为 HAc 的解离度,$K_a^{\ominus}$ 为 HAc 的解离常数,在纯的 HAc 溶液中忽略水的解离。根据稀释定律,当 $\alpha<5\times10^{-2}$ 时,

$$\alpha=\sqrt{\frac{K_a^{\ominus}}{c_0/c^{\ominus}}}$$

$$K_a^{\ominus}=\alpha^2(c_0/c^{\ominus})\tag{5.1}$$

温度一定时,用酸度计测定一系列已知准确浓度的 HAc 溶液的 pH,即可计算出 H^+ 的相对平衡浓度 $c_{r,eq}(H^+)$:

$$pH=-\lg c_{r,eq}(H^+)\tag{5.2}$$

将求出的 $c_{r,eq}(H^+)$ 代入式(5.3)即可求出一系列对应的 HAc 溶液的解离度 α：

$$\alpha = \frac{c_{r,eq}(H^+)}{c_0} \qquad\qquad (5.3)$$

将 α 代入式(5.1)即可求出 $K_a^\ominus$，$K_a^\ominus$ 值近似为一常数，取一系列 $K_a^\ominus$ 的平均值即为该温度时 HAc 的解离常数 $K_a^\ominus$。

三、仪器和试剂

仪器：烧杯($50\ mL$)、移液管($5\ mL$、$10\ mL$、$25\ mL$)、容量瓶($50\ mL$)、pHS‑3C 型酸度计。

试剂：HAc 标准溶液(待标，约 $0.2\ mol \cdot L^{-1}$)、标准缓冲溶液(pH $=4.00$，pH $=6.86$)。

四、实验内容

1. **配制不同浓度的醋酸标准溶液** 用移液管分别移取 $5.00\ mL$、$10.00\ mL$、$25.00\ mL$ 约 $0.2\ mol \cdot L^{-1}$ HAc 标准溶液，把它们分别加到 $50\ mL$ 容量瓶中，再用蒸馏水稀释至刻度线，摇匀，计算出这 3 种不同浓度的 HAc 溶液的准确浓度。

2. **测定醋酸溶液的 pH** 把上述 3 种不同浓度的 HAc 溶液分别倒入 3 只干燥的 $50\ mL$ 烧杯中，按由稀到浓的顺序用酸度计依次测定它们的 pH，并换算成 $c_{r,eq}(H^+)$，算出 α，再求出 $K_a^\ominus$，填入表 3.5 中。

表 3.5 醋酸的解离度和解离常数

溶液编号	$c_0(HAc)/$ $(mol \cdot L^{-1})$	pH	$c_{r,eq}(H^+)$	$\alpha/10^{-2}$	解离常数 $K_a^\ominus$	
					测定值	平均值
1						
2						
3						

五、思考题

1. 相同温度下，不同浓度的 HAc 溶液的解离度和解离常数是否相同？为什么？

2. 用酸度计测定醋酸的解离度和解离常数的原理是什么？

3. 若所用 HAc 溶液的浓度极稀，是否还可以用 $K_a^\ominus = \alpha^2(c_0/c^\ominus)$ 求解离常数？

实验六　酸碱平衡与沉淀溶解平衡

一、实验目的

1. 理解弱电解质的解离平衡、同离子效应的基本原理。
2. 学会配制缓冲溶液并验证其性质。
3. 掌握沉淀溶解平衡及沉淀生成、溶解、转化的条件。
4. 进一步练习溶液 pH 测定等基本操作。

二、实验原理

1. 弱电解质在溶液中的解离平衡及同离子效应

（1）弱电解质的解离平衡　弱酸、弱碱等弱电解质在水溶液中仅部分解离，解离过程是可逆的，存在着分子与水合离子间的解离平衡。

（2）同离子效应　在已经建立解离平衡的弱电解质溶液中，加入与其含有相同离子的另一强电解质，使弱电解质解离度降低的现象称作同离子效应。

2. 缓冲溶液　由弱酸及其共轭碱（如 $HAc - NaAc$）或弱碱及其共轭酸（如 $NH_3 \cdot H_2O - NH_4Cl$）组成的混合溶液能够在一定程度上抵抗外加少量酸、碱或稀释，而本身 pH 不发生显著变化，这种溶液称为缓冲溶液，缓冲溶液的这种作用称缓冲作用。其 pH 计算公式如下：

$$pH = pK_a^{\ominus}（弱酸）- \lg \frac{c_0（弱酸）}{c_0（共轭碱）}$$

从上式可看出，当 c_0（弱酸）$= c_0$（共轭碱）时，$pH = pK_a^{\ominus}$，因此配制一定 pH 的缓冲溶液时，可选其 $pK_a^{\ominus}$ 与 pH 相近的弱酸及其共轭碱。

3. 沉淀溶解平衡

（1）溶度积原理　在难溶电解质的饱和水溶液中，未溶解的固体与溶解后形成的离子之间存在着平衡：

$$A_m B_n(s) \rightleftharpoons mA^{n+} + nB^{m-}$$

$$K_{sp}^{\ominus}(A_m B_n) = c_{r,eq}^m(A^{n+}) c_{r,eq}^n(B^{m-})$$

$$Q_c(A_m B_n) = c_r^m(A^{n+}) c_r^n(B^{m-})$$

式中：$K_{sp}^{\ominus}(A_m B_n)$ 和 $Q_c(A_m B_n)$ 分别代表 $A_m B_n$ 的溶度积和离子积。

根据溶度积原理，可以判断沉淀的生成或溶解：

当 $Q_c < K_{sp}^{\ominus}$ 时，溶液为不饱和溶液，无沉淀析出；

当 $Q_c = K_{sp}^{\ominus}$ 时，溶液为饱和溶液，反应达到沉淀溶解平衡；

当 $Q_c > K_{sp}^{\ominus}$ 时，溶液为过饱和溶液，有沉淀析出，直至 $Q_c = K_{sp}^{\ominus}$。

（2）分步沉淀 如果溶液中同时含有两种或两种以上的离子都能与同一种沉淀剂发生反应生成沉淀，但由于形成的沉淀在溶液中的溶解度不同，这些离子并非同时沉淀，而是按一定的次序分先后依次析出沉淀。这种先后沉淀的现象称为分步沉淀。对同类型的难溶电解质可根据溶度积 $K_{sp}^{\ominus}$ 大小来判断生成沉淀的先后次序；对不同类型的难溶电解质，要用溶解度 s 的大小来确定分步沉淀的次序。

（3）沉淀的转化 一种难溶电解质转化为另一种更难溶电解质的过程称为沉淀的转化。沉淀能否发生转化及转化的完全程度，取决于沉淀的类型、沉淀的溶度积大小及试剂浓度。一般来说，溶解度较大的容易转化为溶解度较小的，而且两者的溶解度相差越大，转化过程越容易。

三、仪器和试剂

仪器：试管、量筒、烧杯、点滴板。

试剂：$HCl(0.1\ mol \cdot L^{-1}$、$6\ mol \cdot L^{-1})$、$HAc(0.1\ mol \cdot L^{-1})$、$NaOH$ $(0.1\ mol \cdot L^{-1})$、$NH_3 \cdot H_2O(0.1\ mol \cdot L^{-1}$、$6\ mol \cdot L^{-1})$、$NaAc(0.1\ mol \cdot L^{-1}$、固）、$AgNO_3(0.1\ mol \cdot L^{-1})$、$NH_4Cl(0.1\ mol \cdot L^{-1}$、固）、$NH_4Ac(0.1\ mol \cdot L^{-1})$、$Na_2CO_3(0.1\ mol \cdot L^{-1})$、$MgCl_2(0.1\ mol \cdot L^{-1})$、$BaCl_2(0.5\ mol \cdot L^{-1})$、$NaCl$ $(0.1\ mol \cdot L^{-1}$、$0.5\ mol \cdot L^{-1})$、$K_2CrO_4(0.1\ mol \cdot L^{-1})$、$Pb(NO_3)_2(0.1\ mol \cdot L^{-1})$、$Na_2S(0.1\ mol \cdot L^{-1})$、$(NH_4)_2C_2O_4$（饱和）、甲基橙、酚酞、pH 试纸。

四、实验内容

1. **不同酸、碱溶液 pH 的测定** 取八小块 pH 试纸分置于点滴板的凹穴中，依次滴加浓度为 $0.1\ mol \cdot L^{-1}$ 的下列溶液：HCl、HAc、$NH_3 \cdot H_2O$、$NaOH$、NH_4Cl、$NaAc$、NH_4Ac、Na_2CO_3，观察 pH 试纸的颜色，与标准比色卡做比较，结果记录在表 3.6 中，并与溶液的 pH 理论计算值进行比较。

表 3.6　不同酸、碱溶液的 pH

试剂	HCl	HAc	$NH_3 \cdot H_2O$	NaOH	NH_4Cl	NaAc	NH_4Ac	Na_2CO_3
pH（测定）								
pH（理论计算）								

2. **同离子效应**

（1）在一支试管中加入 $1\ mL\ 0.1\ mol \cdot L^{-1}$ HAc 溶液和一滴甲基橙指示剂，

混合均匀，观察溶液的颜色。再加入少量 NaAc 固体，摇动试管使其溶解，观察溶液颜色的变化。说明其原因。

(2)在一支试管中加入 1 mL 0.1 mol·L^{-1} NH_3·H_2O 溶液和一滴酚酞指示剂，混合均匀，观察溶液的颜色。再加入少量固体 NH_4Cl，摇动试管使其溶解，观察溶液颜色的变化。说明其原因。

3. 缓冲溶液的配制和性质

(1)在一只小烧杯中加入 5 mL 0.1 mol·L^{-1} HAc 和 5 mL 0.1 mol·L^{-1} NaAc 溶液，摇匀后用 pH 试纸测定其 pH。将此溶液均分于两支试管中，在其中一支试管中加入两滴 0.1 mol·L^{-1} HCl，另一支试管中加入两滴 0.1 mol·L^{-1} NaOH 溶液，摇匀后用 pH 试纸分别测定其 pH，观察其 pH 是否有变化。

(2)在一支试管中加入 10 mL 蒸馏水，用 pH 试纸测定其 pH。将 10 mL 蒸馏水均分于两支试管中，在其中一支试管中加入两滴 0.1 mol·L^{-1} HCl，摇匀后用 pH 试纸测定其 pH；在另一支试管中加入两滴 0.1 mol·L^{-1} NaOH 溶液，摇匀后用 pH 试纸测定其 pH，观察其 pH 有何变化。

比较缓冲溶液与蒸馏水两组实验结果，说明缓冲溶液的缓冲作用。

4. 沉淀的生成和溶解

(1)在两支试管中分别加入 1 mL 0.1 mol·L^{-1} $MgCl_2$ 溶液，逐滴加入 6 mol·L^{-1} NH_3·H_2O，直至有白色 $Mg(OH)_2$ 沉淀生成，在其中一支试管中加入数滴 6 mol·L^{-1} HCl，在另一支试管中加入少量 NH_4Cl 固体，摇匀后观察两支试管中原有沉淀是否溶解，解释实验现象并写出化学反应方程式。

(2)在一支试管中加入 5 滴 0.5 mol·L^{-1} $BaCl_2$ 溶液，再加入 2 滴饱和 $(NH_4)_2C_2O_4$ 溶液，观察沉淀的生成。弃去上清液，在沉淀物上滴加数滴 6 mol·L^{-1} HCl 溶液，观察试管中原有沉淀是否溶解，解释实验现象并写出化学反应方程式。

5. 分步沉淀和沉淀的转化

(1)在一支试管中加入 2 滴 0.1 mol·L^{-1} NaCl 溶液和 2 滴 0.1 mol·L^{-1} K_2CrO_4 溶液，然后逐滴加入 0.1 mol·L^{-1} $AgNO_3$ 溶液，观察生成沉淀的颜色变化，解释实验现象并写出化学反应方程式。

(2)在一支试管中加入 5 滴 0.1 mol·L^{-1} $Pb(NO_3)_2$，再加入 10 滴 0.5 mol·L^{-1} NaCl 溶液，有白色沉淀生成，在沉淀中滴加数滴 0.1 mol·L^{-1} Na_2S 溶液，观察沉淀的颜色变化，解释实验现象并写出化学反应方程式。

五、思考题

1. 使用 pH 试纸测溶液的 pH 时，怎样才是正确的操作方法？

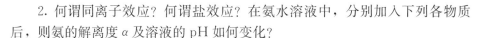

2. 何谓同离子效应？何谓盐效应？在氨水溶液中，分别加入下列各物质后，则氨的解离度 α 及溶液的 pH 如何变化？

(1)NH₄Cl(s)　(2)H₂O(l)　(3)NaCl(s)　(4)NaOH(s)

3. 通过计算说明下列溶液是否具有缓冲能力。

(1)10.0 mL 0.10 mol·L⁻¹ NaOH 溶液和 20.0 mL 0.10 mol·L⁻¹ NH₄Cl 溶液混合；

(2)10.0 mL 0.10 mol·L⁻¹ NaOH 溶液和 20.0 mL 0.10 mol·L⁻¹ HAc 溶液混合。

4. 以下说法是否正确？请说明原因。

(1)用 NaOH 溶液分别中和等体积的 pH 相同的 HCl 溶液和 HAc 溶液，消耗的 NaOH 的物质的量相同。

(2)如果在缓冲溶液中加入大量的强酸或强碱，其 pH 也能够保持基本不变。

(3)如果要配制 pH＝9 左右的缓冲溶液，可选择 NH₃‐NH₄Cl 作为缓冲对。

(4)沉淀的转化方向是由溶解度大的转化为溶解度小的。

实验七　配位化合物

一、实验目的

1. 加深对配合物特性的理解，同时掌握配离子和简单离子之间的区别。

2. 理解配位平衡与其他化学平衡的关系。

3. 了解螯合物的形成和特征及其在分析化学中的某些应用。

4. 培养独立设计实验的能力。

二、实验原理

由中心离子(或原子)和一定数目的中性分子或阴离子通过形成配位键相结合而成的复杂结构单元称配合单元，凡是由配合单元组成的化合物称配位化合物。在配合物中，中心离子已体现不出其游离存在时的性质。而在简单化合物或复盐的溶液中，各种离子都能体现出其游离离子的性质，由此可以区分出有无配合物存在。

配离子在溶液中同时存在着配合和解离过程，当它们达到动态平衡时，即为配位平衡，如：

$$Cu^{2+} + 4NH_3 \rightleftharpoons [Cu(NH_3)_4]^{2+}$$

配合物的稳定性可用配离子的稳定常数 $K_f^{\ominus}$ 来衡量。根据相关知识可知，增加配体或金属离子浓度有利于配合物的形成，而降低配体或金属离子的浓度则有利于配合物的解离。若外界条件改变，使溶液内存在多重平衡竞争，则平衡会向着生成更稳定或更难解离的物质的方向移动。例如，在$[Fe(NCS)_6]^{3-}$溶液中加入F^-，则反应向着生成$[FeF_6]^{3-}$配离子方向进行。

某些配位剂能与特定的金属离子形成具有特征颜色的配合物，在分析化学中经常利用这些配位反应作为检验特定离子的重要手段。例如Co^{2+}与KSCN反应，可以生成蓝色的配离子$[Co(NCS)_4]^{2-}$，$[Co(NCS)_4]^{2-}$在有机溶剂如丙酮、戊醇等中的稳定性更好一些，利用在丙酮中发生的这个反应可以检验Co^{2+}的存在：

$$Co^{2+} + 4SCN^- \xrightarrow{\text{丙酮}} [Co(NCS)_4]^{2-}$$

在水溶液中，$[Co(NCS)_4]^{2-}$不稳定，会发生分解。

螯合物是由中心离子与多齿配体键合而成的具有环状结构的配合物，它比同类型的一般配合物稳定，在化学分析中，常利用金属离子和某些螯合剂生成螯合物的反应来测定某一成分的含量。例如，利用EDTA能和金属离子形成稳定的螯合物的这一特点，常用EDTA在适当的条件下来测定溶液中某一金属离子的含量。

三、仪器和试剂

仪器：试管、量筒（10 mL）、烧杯（100 mL）、点滴板。

试剂：H_2SO_4（1+1）、$NH_3 \cdot H_2O$（6 mol·L^{-1}）、NaOH（0.1 mol·L^{-1}、2 mol·L^{-1}）、$CuSO_4$（0.1 mol·L^{-1}）、$BaCl_2$（0.1 mol·L^{-1}）、Na_2S（0.1 mol·L^{-1}）、KI（0.1 mol·L^{-1}）、$FeCl_3$（0.1 mol·L^{-1}）、$K_3[Fe(CN)_6]$（0.1 mol·L^{-1}）、KSCN（0.1 mol·L^{-1}、饱和）、$AgNO_3$（0.1 mol·L^{-1}）、NaCl（0.1 mol·L^{-1}）、KBr（0.1 mol·L^{-1}）、$Na_2S_2O_3$（0.1 mol·L^{-1}）、NH_4F（2 mol·L^{-1}）、$SnCl_2$（0.2 mol·L^{-1}）、$(NH_4)_2C_2O_4$（0.1 mol·L^{-1}）、$CoCl_2$（0.1 mol·L^{-1}）、EDTA（0.1 mol·L^{-1}）、CCl_4、丙酮。

四、实验内容

1. 配合物的形成和组成 在一支试管中加入1 mL 0.1 mol·L^{-1} $CuSO_4$溶液，再逐滴加入6 mol·L^{-1} $NH_3 \cdot H_2O$，边滴加边振荡试管，直到生成的沉淀溶解变成深蓝色溶液。将此深蓝色溶液分成两份，分别加入0.1 mol·L^{-1} $BaCl_2$溶液和0.1 mol·L^{-1} NaOH溶液。观察反应现象并解释其原因，写出有关反应方程式。

2. **配离子和简单离子的区别** 取两支试管，在其中一支试管中加入 $0.1\ mol \cdot L^{-1}\ K_3[Fe(CN)_6]$ 溶液 5 滴，在另一支试管中加入 $0.1\ mol \cdot L^{-1}\ FeCl_3$ 溶液 5 滴，再各加入 1 滴 $0.1\ mol \cdot L^{-1}\ KSCN$ 溶液，观察两支试管中溶液颜色的变化有何不同，试解释。

3. **配位平衡与弱酸的解离平衡** 在试管中加入 5 滴 $0.1\ mol \cdot L^{-1}\ FeCl_3$ 溶液，逐滴加入 $2\ mol \cdot L^{-1}\ NH_4F$ 溶液至溶液呈无色，然后再加入 $1 \sim 2$ 滴 $0.1\ mol \cdot L^{-1}\ KSCN$ 溶液，振荡，再滴入 $H_2SO_4(1+1)$ 溶液 5 滴，观察现象，并解释。

4. **配位平衡与沉淀溶解平衡** 取一支试管，加入 $0.1\ mol \cdot L^{-1}\ AgNO_3$ 溶液和 $0.1\ mol \cdot L^{-1}\ NaCl$ 溶液各 1 滴，然后逐滴加入 $6\ mol \cdot L^{-1}\ NH_3 \cdot H_2O$ 溶液，边加边振荡，直到 $AgCl$ 沉淀溶解，滴加 2 滴 $0.1\ mol \cdot L^{-1}\ KBr$ 溶液，再逐滴加入 $0.1\ mol \cdot L^{-1}\ Na_2S_2O_3$ 溶液，并振荡试管至沉淀刚好溶解，再滴加 $0.1\ mol \cdot L^{-1}\ KI$ 溶液 2 滴，观察现象的变化。

通过实验，用化学平衡移动原理解释以上一系列变化的原因，并比较 $[Ag(NH_3)_2]^+$ 和 $[Ag(S_2O_3)_2]^{3-}$ 稳定性的大小。

5. **配位平衡与氧化还原平衡** 往一支试管中加入 2 滴 $0.1\ mol \cdot L^{-1}\ FeCl_3$ 溶液、1 滴 $0.1\ mol \cdot L^{-1}\ KSCN$ 溶液，再逐滴加入 $0.2\ mol \cdot L^{-1}\ SnCl_2$ 溶液，观察现象，并做出解释。

6. **配合物间的转化平衡** 往一支试管中加入 2 滴 $0.1\ mol \cdot L^{-1}\ FeCl_3$ 溶液、1 滴 $0.1\ mol \cdot L^{-1}\ KSCN$ 溶液，再逐滴加入 $2\ mol \cdot L^{-1}\ NH_4F$ 溶液，观察现象，并做出解释。

7. **螯合物的形成及特征** 在一支试管中加入 5 滴 $0.1\ mol \cdot L^{-1}\ FeCl_3$ 溶液、2 滴 $0.1\ mol \cdot L^{-1}\ KSCN$ 溶液，振荡后，逐滴加入 $0.1\ mol \cdot L^{-1}\ EDTA$（$H_4Y$）溶液，观察现象，并做出解释。

8. **离子鉴定** 在点滴板的凹穴中加入 2 滴 $0.1\ mol \cdot L^{-1}\ CoCl_2$ 溶液，再加入 2 滴饱和 $KSCN$ 溶液、2 滴丙酮溶液，观察溶液颜色变化。

9. **自拟实验——$[Cu(NH_3)_4]^{2+}$ 配离子的破坏** 在一支试管中加入 3 mL $0.1\ mol \cdot L^{-1}\ CuSO_4$ 溶液，再逐滴加入 $6\ mol \cdot L^{-1}\ NH_3 \cdot H_2O$，边滴加边振荡试管，直到生成的沉淀溶解变成深蓝色溶液。将此深蓝色溶液分成三份，根据平衡移动原理设计三种方法破坏 $[Cu(NH_3)_4]^{2+}$ 配离子，写出有关的反应方程式。

五、思考题

1. 通过本实验，你认为配离子和简单离子的区别是什么？

2. 通过本实验总结出影响配位平衡移动的因素。

3. 假设在一支试管中加入 $0.1\ mol \cdot L^{-1}\ AgNO_3$ 溶液和 $0.1\ mol \cdot L^{-1}\ NaCl$ 溶液各 5 滴，然后逐滴加入 $2\ mol \cdot L^{-1}\ NH_3 \cdot H_2O$ 溶液至沉淀溶解。再向试管中加入 $2\ mol \cdot L^{-1}\ HNO_3$ 溶液，会有什么现象发生？写出相关的离子反应方程式。

4. 通过实验说明螯合物有何特征。

实验八　氧化还原反应和电极电势

一、实验目的

1. 了解原电池的装置和工作原理及学会原电池电动势的测量方法。
2. 掌握浓度、介质的酸碱性对电极电势及氧化还原反应方向的影响。
3. 了解氧化性和还原性的相对性。
4. 掌握电极电势的应用。

二、实验原理

1. 浓度对电极电势的影响

铜电极 $\qquad\qquad\qquad Cu^{2+} + 2e^- \Longrightarrow Cu$

$$\varphi(Cu^{2+}/Cu) = \varphi^{\ominus}(Cu^{2+}/Cu) + \frac{0.059\ 2V}{2}\lg[c(Cu^{2+})/c^{\ominus}]$$

锌电极 $\qquad\qquad\qquad Zn^{2+} + 2e^- \Longrightarrow Zn$

$$\varphi(Zn^{2+}/Zn) = \varphi^{\ominus}(Zn^{2+}/Zn) + \frac{0.059\ 2V}{2}\lg[c(Zn^{2+})/c^{\ominus}]$$

当增大 Cu^{2+}、Zn^{2+} 浓度时，它们的电极电势（φ）值都分别增大；反之，则 φ 值减小。

2. 介质酸碱性对电极电势及氧化还原反应的影响

(1) 介质酸碱性对含氧酸盐氧化能力的影响　如高锰酸钾在酸性介质中被还原为无色的 Mn^{2+}：

$$MnO_4^- + 8H^+ + 5e^- \Longrightarrow Mn^{2+} + 4H_2O \qquad \varphi^{\ominus}(MnO_4^-/Mn^{2+}) = 1.507V$$

在中性、弱酸性或弱碱性介质中被还原为棕色的 MnO_2 沉淀：

$$MnO_4^- + 2H_2O + 3e^- \Longrightarrow MnO_2\downarrow + 4OH^- \qquad \varphi^{\ominus}(MnO_4^-/MnO_2) = 0.595V$$

在强碱性介质中被还原为绿色的 MnO_4^{2-}：

$$MnO_4^- + e^- \Longrightarrow MnO_4^{2-} \qquad \varphi^{\ominus}(MnO_4^-/MnO_4^{2-}) = 0.536V$$

由此可见，高锰酸钾的氧化性随介质酸性减弱而减弱，在不同介质中其还原产物也不同。

（2）介质酸碱性对氧化还原反应方向的影响　如在酸性介质中，IO_3^- 与 I^- 反应生成 I_2 而使淀粉变蓝，其反应式如下：

$$IO_3^- + 5I^- + 6H^+ \Longrightarrow 3I_2 + 3H_2O$$

而在碱性介质中，I_2 歧化成无色的 IO_3^- 和 I^-。其反应式如下：

$$3I_2 + 6OH^- \Longrightarrow IO_3^- + 5I^- + 3H_2O$$

由此可见，介质的酸碱性对氧化还原反应的方向会产生影响。

3. 沉淀的生成对氧化还原反应的影响　利用沉淀反应大幅度地改变反应物的浓度，从而使电极电势值发生大幅度改变，可导致氧化还原反应方向的改变。如 $\varphi^{\ominus}(Cu^{2+}/Cu^+) = 0.153\ V$，$\varphi^{\ominus}(I_2/I^-) = 0.535\ 5V$，在标准状态下，$I_2$ 是氧化剂，能把 Cu^+ 氧化为 Cu^{2+}，同时 I_2 自身被还原为 I^-。但生成的 I^- 立即与 Cu^+ 反应，生成 CuI 沉淀：

$$I_2 + 2Cu^+ \Longrightarrow 2Cu^{2+} + 2I^-$$

$$I^- + Cu^+ \Longrightarrow CuI\downarrow$$

由于 CuI 沉淀的生成，使 $\varphi(Cu^{2+}/Cu^+)$ 升高，当 Cu^{2+} 和 I^- 均为标准浓度时，$\varphi(Cu^{2+}/Cu^+) = \varphi^{\ominus}(Cu^{2+}/CuI) > \varphi^{\ominus}(I_2/I^-)$，上述氧化还原反应逆向进行，即

$$4I^- + 2Cu^{2+} \Longrightarrow 2CuI\downarrow + I_2$$

4. 配位反应对氧化还原反应的影响　配位反应可影响氧化还原反应的完成程度，甚至可影响氧化还原反应的方向。例如，在水溶液中，Fe^{3+} 可氧化 I^-：

$$2Fe^{3+} + 2I^- \Longrightarrow 2Fe^{2+} + I_2$$

但若溶液中含有 F^-，由于 $[FeF_6]^{3-}$ 配离子的生成，降低了 $\varphi(Fe^{3+}/Fe^{2+})$，此时 I_2 反而将 Fe^{2+} 氧化：

$$2Fe^{2+} + I_2 + 12F^- \Longrightarrow 2[FeF_6]^{3-} + 2I^-$$

5. 氧化性和还原性的相对性　一种元素有多种氧化态时，氧化态居中的物质（如 H_2O_2）一般既可作氧化剂又可作还原剂。

6. 电极电势的应用　水溶液中氧化还原反应的方向、次序可根据电极电势的数值加以判断。自发进行的氧化还原反应，氧化剂电对的电极电势代数值应大于还原剂电对的电极电势代数值。即 $\varphi($氧化剂电对$) > \varphi($还原剂电对$)$。

三、仪器和试剂

仪器：试管、量筒（10 mL）、烧杯（50 mL）、铜电极、锌电极、电子毫伏计（或酸度计）、盐桥、导线若干。

试剂：H_2SO_4（$2\ mol \cdot L^{-1}$）、$NaOH$（$2\ mol \cdot L^{-1}$、$6\ mol \cdot L^{-1}$）、$NH_3 \cdot H_2O$（浓）、$ZnSO_4$（$1\ mol \cdot L^{-1}$）、$CuSO_4$（$1\ mol \cdot L^{-1}$、$0.1\ mol \cdot L^{-1}$）、$KMnO_4$（$0.01\ mol \cdot L^{-1}$、$0.1\ mol \cdot L^{-1}$）、$Pb（NO_3）_2$（$0.1\ mol \cdot L^{-1}$）、$SnCl_2$（$0.2\ mol \cdot L^{-1}$）、$KSCN$（$0.1\ mol \cdot L^{-1}$）、Na_2S（$0.1\ mol \cdot L^{-1}$）、$FeCl_3$（$0.1\ mol \cdot L^{-1}$）、NH_4F（$2\ mol \cdot L^{-1}$）、Na_2SO_3（$0.2\ mol \cdot L^{-1}$）、KBr（$0.1\ mol \cdot L^{-1}$）、KI（$0.1\ mol \cdot L^{-1}$）、KIO_3（$0.1\ mol \cdot L^{-1}$）、H_2O_2（3%）、CCl_4。

四、实验内容

1. 原电池电动势的测量及浓度对原电池电动势的影响

（1）原电池电动势的测量　按图 3.5 安装原电池，往左边的烧杯中加入约 20 mL 1 mol · L^{-1} $ZnSO_4$ 溶液，往右边烧杯中加入约 20 mL 1 mol · L^{-1} $CuSO_4$ 溶液，分别将锌片和铜片插入左右两个烧杯中，用盐桥将左右两个烧杯相连接。用电子毫伏计（或酸度计毫伏挡）测量电动势。

（2）浓度对原电池电动势的影响

① 取出盐桥，在 $CuSO_4$ 溶液中加入 10 mL 浓 $NH_3 \cdot H_2O$ 充分搅拌，直到沉淀完全溶解，用盐桥将此烧杯与装 $ZnSO_4$ 溶液的烧杯相连接，测定此时电池电动势。

② 取出盐桥，在 $ZnSO_4$ 溶液中加入 10 mL 浓 $NH_3 \cdot H_2O$ 充分搅拌，直到沉淀完全溶解，用盐桥将此烧杯与装 $CuSO_4$ 溶液的烧杯相连接，测定此时电池电动势。

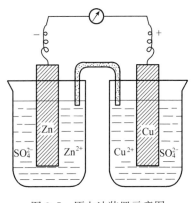

图 3.5　原电池装置示意图

比较以上 3 次电动势的测定结果，说明浓度对电极电势的影响。

2. 介质的酸碱性对氧化还原反应的影响

（1）取三支试管，分别加入 5 滴 0.2 mol · L^{-1} Na_2SO_3 溶液，在第一支试管中加入 4 滴 2 mol · L^{-1} H_2SO_4 溶液。在第二支试管中加入 2 滴 6 mol · L^{-1} $NaOH$ 溶液，在第三支试管中加入 2 滴蒸馏水，然后在三支试管中都加入 5 滴 0.01 mol · L^{-1} $KMnO_4$ 溶液，观察各试管中溶液的颜色有何不同，解释产生上述现象的原因，并写出有关反应方程式。

（2）在试管中加入 10 滴 0.1 mol · L^{-1} KI 溶液和 2～3 滴 0.1 mol · L^{-1} KIO_3 溶液，混合后，观察有无变化。再加入几滴 2 mol · L^{-1} H_2SO_4 溶液，观察有无变化。再逐滴加入 2 mol · L^{-1} $NaOH$ 溶液，使混合溶液呈碱性，观察反应

现象。解释产生上述现象的原因，并写出有关反应方程式。

3. 沉淀的生成对氧化还原反应的影响　在一支试管中加入 10 滴 0.1 mol·L^{-1} CuSO$_4$ 溶液，再加入 10 滴 0.1 mol·L^{-1} KI 溶液，观察现象，再加入 10 滴 CCl$_4$ 溶液，充分振荡，观察 CCl$_4$ 层颜色变化，并写出有关反应方程式。

4. 配位反应对氧化还原反应的影响

(1)在试管中加入 2 滴 0.1 mol·L^{-1} FeCl$_3$ 溶液和 5 滴 CCl$_4$，逐滴加入 0.1 mol·L^{-1} KI 溶液，并振荡试管，观察有机层的颜色。

(2)在另一支试管中加入 2 滴 0.1 mol·L^{-1} FeCl$_3$ 溶液，逐滴加入 2 mol·L^{-1} NH$_4$F 溶液至溶液变为无色，再加入 5 滴 CCl$_4$，并逐滴加入 0.1 mol·L^{-1} KI 溶液，振荡，观察有机层颜色变化，并做出解释。

5. 氧化性和还原性的相对性

(1)在一支试管中加入 0.5 mL 0.01 mol·L^{-1} KMnO$_4$ 溶液，再加 2 滴 2 mol·L^{-1} H$_2$SO$_4$ 溶液酸化，然后滴加 H$_2$O$_2$（3%）溶液，摇动试管，观察现象，写出反应方程式，说明此反应中 H$_2$O$_2$ 起什么作用。

(2)在一支试管中加入 2 滴 0.1 mol·L^{-1} Pb(NO$_3$)$_2$ 溶液和 1 滴 0.1 mol·L^{-1} Na$_2$S 溶液，观察现象。再加入数滴 H$_2$O$_2$（3%）溶液，摇动试管，观察现象，写出反应方程式，说明此反应中 H$_2$O$_2$ 起什么作用。

6. 电极电势的应用

(1)判断氧化还原反应的方向

① 将 10 滴 0.1 mol·L^{-1} KI 溶液与 2 滴 0.1 mol·L^{-1} FeCl$_3$ 溶液在试管中混匀后，加入 6 滴 CCl$_4$，充分振荡，观察 CCl$_4$ 层颜色有什么变化。

② 用 0.1 mol·L^{-1} KBr 溶液代替 0.1 mol·L^{-1} KI 溶液进行与①同样的实验，观察 CCl$_4$ 层颜色有什么变化。根据以上实验结果说明电极电势与氧化还原反应方向之间的关系。

$$[\varphi^{\ominus}(\text{Br}_2/\text{Br}^-)=1.066 \text{ V}, \quad \varphi^{\ominus}(\text{I}_2/\text{I}^-)=0.535\,5\text{V}]$$

(2)判断氧化还原反应的次序　在试管中加入 10 滴 0.1 mol·L^{-1} FeCl$_3$ 溶液和 4 滴 0.1 mol·L^{-1} KMnO$_4$ 溶液，摇匀后再逐滴加入 0.2 mol·L^{-1} SnCl$_2$ 溶液，并不断摇动试管，待 KMnO$_4$ 溶液刚一褪色后（SnCl$_2$ 溶液不能过量！），加入 1 滴 0.1 mol·L^{-1} KSCN 溶液，观察现象，并继续滴加 0.2 mol·L^{-1} SnCl$_2$ 溶液，观察溶液颜色变化。解释实验现象，并写出有关离子反应方程式。

$$[\varphi^{\ominus}(\text{MnO}_4^-/\text{Mn}^{2+})=1.507 \text{ V},$$
$$\varphi^{\ominus}(\text{Fe}^{3+}/\text{Fe}^{2+})=0.771 \text{ V},$$
$$\varphi^{\ominus}(\text{Sn}^{4+}/\text{Sn}^{2+})=0.151 \text{ V}]$$

五、思考题

1. 在不同介质中 $KMnO_4$ 的还原产物各是什么？在何种介质中 $KMnO_4$ 的氧化性最强？

2. 为什么 H_2O_2 既可作氧化剂，又可作还原剂？在何种情况下可作为氧化剂？在何种情况下可作为还原剂？

3. 如何判断氧化还原反应进行的方向？

实验九　非金属元素及其化合物的性质

一、实验目的

1. 掌握卤素单质氧化性，卤素阴离子和卤化氢的还原性及其递变规律。

2. 掌握过氧化氢、硫化氢及硫化物、硫代硫酸及其盐的性质，了解过硫酸盐的氧化性。

3. 掌握硝酸及其盐、亚硝酸及其盐的重要性质。

4. 了解磷酸盐的主要性质。

二、实验原理

1. **卤素单质氧化性，卤素阴离子和卤化氢的还原性及其递变规律**　Cl_2、Br_2、I_2 等卤素单质主要表现为氧化性，易得电子变为阴离子，所以都是氧化剂。它们的氧化性按下列顺序递变：

$$Cl_2 > Br_2 > I_2$$

最低价态物质只显还原性，卤素阴离子作为还原剂，其还原性按下列顺序递变：

$$I^- > Br^- > Cl^-$$

2. **过氧化氢的性质**　H_2O_2 是一种较理想的、常用的氧化（还原）剂，因为它在反应中本身的产物只有 H_2O 或 O_2，不会给反应系统引入杂质离子。H_2O_2 不太稳定，易分解。当有 MnO_2 或其他重金属离子存在时，可加速 H_2O_2 的分解（发生催化分解）。

3. **硫化氢和硫化物的性质**　硫化氢中硫的氧化数为 -2，所以只具有还原性。例如，碘能将 H_2S 氧化成单质硫，而更强的氧化剂如 $KMnO_4$ 甚至可以把 H_2S 氧化为硫酸。

金属硫化物，有的溶于水（如 Na_2S），有的不溶于水但溶于稀酸（如 ZnS），有的既不溶于水又不溶于稀酸（如 CuS 须用硝酸溶解），有的要用王水才能溶解（如 HgS）。

4. 硫代硫酸及其盐的性质 $Na_2S_2O_3$ 常作还原剂，能将 I_2 还原为 I^-，本身被氧化为连四硫酸钠：

$$2S_2O_3^{2-} + I_2 = S_4O_6^{2-} + 2I^-$$

这一反应在分析化学上用于碘量法容量分析。另外，$S_2O_3^{2-}$ 能与某些金属离子形成配合物。

5. 过硫酸盐的氧化性 $K_2S_2O_8$ 或 $(NH_4)_2S_2O_8$ 是过二硫酸的重要盐类。它们与 H_2O_2 相似，含有过氧键，也是强氧化剂，能将 I^-、Mn^{2+} 和 Cr^{3+} 等氧化成相应的高氧化态化合物，例如：

$$2Mn^{2+} + 5S_2O_8^{2-} + 8H_2O = 2MnO_4^- + 10SO_4^{2-} + 16H^+$$

有 $AgNO_3$ 存在时，该反应将迅速进行（Ag^+ 的催化作用）。

6. 氮和磷 氮和磷是周期系 VA 族元素，是比较典型的非金属。

硝酸是强酸，也是强氧化剂。许多非金属容易被浓硝酸氧化成相应的酸，而硝酸被还原为 NO。

金属除金、铂及一些稀有金属外，都能与硝酸作用而生成硝酸盐。硝酸本身被还原后的产物，一方面取决于它本身的浓度，另一方面又受还原剂性质的影响。一般来说，浓硝酸主要被还原为 NO_2，稀硝酸主要被还原为 NO。

在亚硝酸及其盐中，氮原子的氧化数为 +3，既有氧化性，又有还原性。在酸性介质中亚硝酸盐的氧化能力是相当强的。

正磷酸是一个非挥发性的中强酸，它可以形成三类不同的正磷酸盐，易溶的碱金属磷酸盐和磷酸一氢盐水解显碱性，二氢盐水解显酸性。在所有的正磷酸盐溶液中加入 $AgNO_3$ 溶液，都得到黄色磷酸银沉淀。

磷酸的各种钙盐在水中的溶解度不相同，$Ca_3(PO_4)_2$、$CaHPO_4$ 难溶于水，$Ca(H_2PO_4)_2$ 则易溶于水。

三、仪器和试剂

仪器：试管、离心试管、量筒（10 mL）、烧杯（100 mL）、电炉、离心机。

试剂：HCl（2 mol·L^{-1}、6 mol·L^{-1}、浓）、H_2SO_4（2 mol·L^{-1}、浓）、HNO_3（浓）、KBr（0.1 mol·L^{-1}、固）、KI（0.1 mol·L^{-1}、0.02 mol·L^{-1}、固）、NaCl（0.1 mol·L^{-1}、固）、$ZnSO_4$（0.1 mol·L^{-1}）、$CdSO_4$（0.1 mol·L^{-1}）、$CuSO_4$（0.1 mol·L^{-1}）、$Hg(NO_3)_2$（0.1 mol·L^{-1}）、$AgNO_3$（0.1 mol·L^{-1}）、$KMnO_4$（0.01 mol·L^{-1}）、$BaCl_2$（0.5 mol·L^{-1}）、Na_3PO_4（0.1 mol·L^{-1}）、Na_2HPO_4（0.1 mol·L^{-1}）、$NaNO_2$（0.1 mol·L^{-1}）、NaH_2PO_4（0.1 mol·L^{-1}）、$CaCl_2$（0.1 mol·L^{-1}）、H_2O_2（3%、30%）、H_2S（饱和）、$Na_2S_2O_3$（0.1 mol·L^{-1}）、

$MnSO_4$（0.002 mol·L^{-1}）、MnO_2（固）、$K_2S_2O_8$（固）、硫粉、锌粉、铜屑、碘水（0.01 mol·L^{-1}）、氯水、溴水、CCl_4、淀粉溶液（1%）、淀粉-KI 试纸、醋酸铅试纸、pH 试纸。

四、实验内容

1. 卤素单质及化合物的性质

（1）卤素单质的性质

① 在一支试管中加入 2 滴 0.1 mol·L^{-1} KBr 溶液和 10 滴 CCl_4 后，滴加氯水，边滴边振荡，观察 CCl_4 层中的颜色变化。

② 将①中 0.1 mol·L^{-1} KBr 溶液换成 0.1 mol·L^{-1} KI 溶液，重复上述操作。观察其现象。

③ 将②中的氯水用溴水代替，结果会怎样？根据以上实验结果，判断卤素的置换顺序，写出反应方程式。

（2）卤化氢的还原性　在 3 支干燥的试管中分别加入黄豆粒大小的 NaCl、KBr 和 KI 固体，再分别加入 2～3 滴浓 H_2SO_4（应逐个进行实验），观察反应物的颜色和状态，并分别用湿润的 pH 试纸、淀粉-KI 试纸和 $Pb(Ac)_2$ 试纸，在 3 个管口检验逸出的气体。写出有关反应方程式，比较 HCl、HBr 和 HI 的还原性（在通风橱内进行）。

2. 过氧化氢的性质

（1）在试管中加入 0.5 mL 0.1 mol·L^{-1} KI 溶液，加 1 滴 2.0 mol·L^{-1} H_2SO_4 溶液酸化后加 5 滴 3%H_2O_2 溶液和 10 滴 CCl_4 充分振荡，观察 CCl_4 层颜色，写出离子反应方程式。

（2）取 0.5 mL 0.01 mol·L^{-1} $KMnO_4$ 溶液，加 1 滴 2.0 mol·L^{-1} H_2SO_4 溶液酸化后滴加 3% H_2O_2 溶液，观察现象，写出离子反应方程式。

（3）在试管中加入 1 mL30%H_2O_2 溶液和少量固体 MnO_2，观察反应情况，并在管口附近用火柴余烬检验逸出的气体。

3. 硫化氢和硫化物的性质

（1）取 1 mL 饱和 H_2S 溶液，先用 2.0 mol·L^{-1} H_2SO_4 溶液酸化后再滴加 0.01 mol·L^{-1} $KMnO_4$ 溶液，观察有何变化，写出反应方程式（在通风橱内进行）。

（2）在 5 支试管中分别加入浓度均为 0.1 mol·L^{-1} 的下列溶液各 5 滴：NaCl、$ZnSO_4$、$CdSO_4$、$CuSO_4$ 和 $Hg(NO_3)_2$，然后各加 1 mL 饱和 H_2S 溶液，观察是否都有沉淀析出，记录各种沉淀的颜色；离心分离，弃去清液，在沉淀中分别加入数滴 2.0 mol·L^{-1} HCl 溶液，观察沉淀是否溶解；将不溶解的沉淀离心分离，弃去清液，加 $6.0 \text{ mol} \cdot \text{L}^{-1}$ HCl 溶液，观察沉淀是否溶解；将仍不溶解的沉淀离心分离出来，用少量蒸馏水洗涤沉淀 1～2 次，加数滴浓 HNO_3（在通风橱内进行）并微热，观察沉淀是否溶解；如不溶解，再加数滴浓 HCl（在通风橱内进行），使 HCl 与 HNO_3 的体积比约为 3：1，并微热使沉淀全部溶解（在通风橱内进行）。

根据实验结果，比较上述金属硫化物的溶解性，并记住它们的颜色。

4. 硫代硫酸及其盐的性质

（1）取 5 滴 $0.01 \text{ mol} \cdot \text{L}^{-1}$ 碘水，加 1 滴淀粉溶液，逐滴滴入 $0.1 \text{ mol} \cdot \text{L}^{-1}$ $Na_2S_2O_3$ 溶液，观察颜色变化。

（2）在试管中加 $0.1 \text{ mol} \cdot \text{L}^{-1}$ $AgNO_3$ 溶液和 $0.1 \text{ mol} \cdot \text{L}^{-1}$ KBr 溶液各 2 滴，观察沉淀颜色，然后加 $0.1 \text{ mol} \cdot \text{L}^{-1}$ $Na_2S_2O_3$ 溶液使沉淀溶解。记录以上实验现象，写出有关反应方程式。

5. 过硫酸盐的氧化性

（1）在试管中加 0.5 mL $0.1 \text{ mol} \cdot \text{L}^{-1}$ KI 溶液和 5 滴 $2.0 \text{ mol} \cdot \text{L}^{-1}$ H_2SO_4 溶液，再加少量 $K_2S_2O_8$ 固体和淀粉溶液，观察颜色变化。写出反应方程式。

（2）往有 4 滴 $0.002 \text{ mol} \cdot \text{L}^{-1}$ $MnSO_4$ 溶液的试管中加入约 2 mL $2.0 \text{ mol} \cdot \text{L}^{-1}$ H_2SO_4 溶液，均匀混合后分成两份。一份加少量 $K_2S_2O_8$ 固体，另一份加 1 滴 $0.1 \text{ mol} \cdot \text{L}^{-1}$ $AgNO_3$ 溶液，再加少量 $K_2S_2O_8$ 固体，同时在水浴上加热片刻，观察溶液颜色的变化有何不同，为什么？写出反应方程式。

6. 氮和磷

（1）硝酸和硝酸盐的性质

①取少量硫粉放入试管，加 1 mL 浓 HNO_3（在通风橱内进行），冷却后取少量溶液，用 $0.5 \text{ mol} \cdot \text{L}^{-1}$ $BaCl_2$ 溶液检查有无 SO_4^{2-} 存在，写出反应方程式。

②在 2 支试管中分别放入少量锌粉和铜屑，加 5 滴浓 HNO_3，观察现象，写出反应方程式。

注意：实验中凡有有毒气体如 NO、NO_2 等产生，均应在通风橱内进行！

（2）亚硝酸及其盐的性质

①在 0.5 mL $0.1 \text{ mol} \cdot \text{L}^{-1}$ $NaNO_2$ 溶液中，加 1 滴 $0.02 \text{ mol} \cdot \text{L}^{-1}$ KI 溶液，有无变化？加 $2 \text{ mol} \cdot \text{L}^{-1}$ H_2SO_4 溶液酸化，再加淀粉溶液，有何变化？写出离子反应方程式。

②取 0.5 mL $0.1 \text{ mol} \cdot \text{L}^{-1}$ $NaNO_2$ 溶液，加 1 滴 $0.01 \text{ mol} \cdot \text{L}^{-1}$ $KMnO_4$，用 $2 \text{ mol} \cdot \text{L}^{-1}$ H_2SO_4 酸化，比较酸化前后溶液的颜色，写出离子反应方程式。

（3）正磷酸盐的性质

① 用 pH 试纸分别测定浓度均为 0.1 mol·L^{-1}下列溶液的 pH：Na$_3$PO$_4$、Na$_2$HPO$_4$ 和 NaH$_2$PO$_4$。向它们的溶液中分别加入 2 滴 0.1 mol·L^{-1} AgNO$_3$ 溶液，观察有无沉淀生成。

② 在 3 支试管中各加入 5 滴 0.1 mol·L^{-1} CaCl$_2$ 溶液，然后分别加入等量的浓度均为 0.1 mol·L^{-1} 的 Na$_3$PO$_4$、Na$_2$HPO$_4$、NaH$_2$PO$_4$ 溶液，观察各试管中是否有沉淀生成。

五、思考题

1. H$_2$O$_2$ 有什么性质？如何用实验检验？

2. 长期放置的 H$_2$S、Na$_2$S、Na$_2$SO$_3$ 溶液会发生什么变化？为什么？写出反应方程式。

3. 根据溶解情况，金属硫化物可分为几类？

4. 为什么一般不用硝酸作为酸性反应的介质？稀硝酸对金属的作用与稀硫酸或稀盐酸有何不同？

实验十　金属元素及其化合物的性质

一、实验目的

1. 观察碱金属和碱土金属的焰色反应并掌握其检验方法。
2. 了解副族金属离子的配合性及配离子的形成、解离和颜色变化。
3. 掌握 Cu、Ag、Zn、Hg 氢氧化物的酸碱性及离子形成配合物的特征。
4. 掌握 Cr 和 Mn 各种氧化态之间的转化条件。
5. 掌握 Fe、Co、Ni 配合物的生成和性质。

二、实验原理

1. **焰色反应**　碱金属和几种碱土金属盐类的焰色反应特征颜色如下：

盐类	锂	钠	钾	钙	锶	钡
特征颜色	红	黄	紫	橙红	洋红	绿

在分析化学中，常利用该性质检验这些元素，称之为焰色反应。

2. **Cu、Ag、Zn、Hg 氢氧化物的酸碱性及离子形成配合物的特征**　Cu、Ag 是周期系ⅠB族元素，Zn、Hg 属ⅡB族元素。Cu(OH)$_2$ 和 Zn(OH)$_2$ 呈两性，Cu(OH)$_2$ 不太稳定，加热或放置而脱水成为 CuO，Ag、Hg 的氢氧化物极不稳定，极易脱水成为 Ag$_2$O、Hg$_2$O(HgO+Hg)。

Cu、Ag、Zn、Hg 4 种元素，价电子构型为 $(n-1)d^{10}ns^{1\sim2}$。除能形成一些重要化合物外，最大特点是其离子具有 18 电子构型和较强的极化力和变形性，易于形成配合物。

3. **Cr 和 Mn 各种氧化态之间的转化条件** Cr 和 Mn 分别为周期系ⅥB 和ⅦB 族元素，具有多种氧化数，在一定条件下，不同氧化数的化合物可相互转化，体现出氧化性和还原性。一般单质和具有较低氧化数的化合物，如 Cr(Ⅲ)、Mn(Ⅱ)，都具有还原性；而具有较高氧化数的化合物，如 Cr(Ⅵ)、Mn(Ⅶ)，都具有氧化性。同时，介质的酸碱性对化合物的氧化还原性也有影响。如：Cr(Ⅲ)在碱性介质中有强还原性，可被 H_2O_2 氧化为 CrO_4^{2-}；Cr(Ⅵ)在酸性介质中主要以 $Cr_2O_7^{2-}$ 形式存在，具有强氧化性，易被还原为 Cr^{3+}。

CrO_4^{2-} 与 $Cr_2O_7^{2-}$ 在水溶液中存在下列平衡：

$$2CrO_4^{2-}（黄色）+2H^+ \rightleftharpoons Cr_2O_7^{2-}（橙色）+H_2O$$

在酸性介质中 Cr(Ⅵ)作为氧化剂，可将 Fe^{2+} 氧化为 Fe^{3+}，本身被还原为 Cr(Ⅲ)，即

$$Cr_2O_7^{2-}+6Fe^{2+}+14H^+ =\!=\!= 2Cr^{3+}+6Fe^{3+}+7H_2O$$

随着介质的不同，同一元素相同氧化数化合物的氧化还原性强弱也不同。例如 Mn(Ⅱ)在碱性介质中还原性较强，空气中的氧气即可将白色的 $Mn(OH)_2$ 氧化成棕色的 $MnO(OH)_2$ 沉淀。而 Mn(Ⅱ)在酸性介质中还原性很弱，只有在高酸度和强氧化剂如过二硫酸铵、铋酸钠的条件下才能氧化为 MnO_4^-，即

$$2Mn^{2+}+5BiO_3^-+14H^+ =\!=\!= 2MnO_4^-+5Bi^{3+}+7H_2O$$

4. **Fe、Co、Ni 配合物的生成和性质** 铁系元素能形成多种配合物。这些配合物的形成常常作为 Fe^{2+}、Fe^{3+}、Co^{2+}、Ni^{2+} 的鉴定方法。如铁的配合物：

$$K^++Fe^{2+}+[Fe(CN)_6]^{3-} =\!=\!= KFe[Fe(CN)_6]\downarrow$$

$$K^++Fe^{3+}+[Fe(CN)_6]^{4-} =\!=\!= KFe[Fe(CN)_6]\downarrow$$

$$Fe^{3+}+nNCS^- =\!=\!= [Fe(NCS)_n]^{3-n}（n=1，2，3，4，5，6）（血红色）$$

Fe(Ⅱ)、Fe(Ⅲ)均不能形成氨配合物；Co(Ⅱ)、Co(Ⅲ)均可形成氨配合物，但后者比前者稳定；Ni^{2+} 与氨能形成蓝色的 $[Ni(NH_3)_6]^{2+}$，但该配离子遇酸、遇碱、水稀释、受热均可发生分解反应。

三、仪器和试剂

仪器：试管、离心试管、量筒(10 mL)、烧杯、镍铬丝、电炉、离心机、酒精灯。

试剂：HCl(浓)、H_2SO_4(2 mol·L^{-1})、HNO_3(6 mol·L^{-1})、$NH_3·H_2O$

（2 mol·L^{-1}、6 mol·L^{-1}、浓）、NaOH（2 mol·L^{-1}）、LiCl（0.2 mol·L^{-1}）、NaCl（0.1 mol·L^{-1}）、KCl（0.5 mol·L^{-1}）、CaCl$_2$（0.5 mol·L^{-1}）、SrCl$_2$（0.5 mol·L^{-1}）、BaCl$_2$（0.5 mol·L^{-1}）、CuSO$_4$（0.1 mol·L^{-1}）、ZnSO$_4$（0.1 mol·L^{-1}）、KI（0.1 mol·L^{-1}、固）、CuCl$_2$（固）、CoCl$_2$（0.1 mol·L^{-1}）、CdSO$_4$（0.1 mol·L^{-1}）、CrCl$_3$（0.1 mol·L^{-1}）、FeCl$_3$（0.1 mol·L^{-1}）、Hg（NO$_3$）$_2$（0.1 mol·L^{-1}）、AgNO$_3$（0.1 mol·L^{-1}）、FeSO$_4$（0.1 mol·L^{-1}）、NiSO$_4$（0.1 mol·L^{-1}）、MnSO$_4$（0.1 mol·L^{-1}）、KSCN（0.1 mol·L^{-1}、饱和）、H$_2$O$_2$（3%）、K$_2$CrO$_4$（0.1 mol·L^{-1}）、NaBiO$_3$（固）、（NH$_4$）$_2$Fe（SO$_4$）$_2$（0.1 mol·L^{-1}）、K$_4$[Fe(CN)$_6$]（0.5 mol·L^{-1}）、Na$_2$C$_2$O$_4$（固）、碘水、丙酮、丁二酮肟（1%）、乙二胺（1%）。

四、实验内容

1. **碱金属和碱土金属的焰色反应**　取一支镍铬丝（其一端接有玻璃管），用砂纸擦净其表面，末端弯成直径约 3 mm 的小圈，蘸上浓 HCl 溶液，在氧化焰中烧至接近无色，再蘸 0.2 mol·L^{-1} LiCl 溶液，在氧化焰中灼烧，观察火焰的颜色。

同上操作，分别观察 0.1 mol·L^{-1} NaCl、0.5 mol·L^{-1} KCl、0.5 mol·L^{-1} CaCl$_2$、0.5 mol·L^{-1} SrCl$_2$、0.5 mol·L^{-1} BaCl$_2$ 等溶液的焰色反应，并分别记录它们的颜色。每次改用另一种盐溶液做实验前，必须将镍铬丝用浓 HCl（纯）处理，灼烧干净。也可用 6 根专用镍铬丝（公用），做好记号，分别进行。实验钾盐时，即使只有微量的钠盐存在，钾所显示的浅紫色也将被钠的黄色所掩盖，所以观察钾盐的焰色反应时，为了消除钠对钾焰色的干扰，最好通过蓝色玻璃片观察之。

2. **铜、银、锌、镉、汞氢氧化物或氧化物的生成和性质**　向五支分别盛有 0.5 mL 0.1 mol·L^{-1} CuSO$_4$、ZnSO$_4$、CdSO$_4$、Hg（NO$_3$）$_2$、AgNO$_3$ 溶液的试管中逐滴滴加 2 mol·L^{-1} NaOH 溶液，观察溶液颜色及状态。将试管中的沉淀各分为两份：一份加入 2 mol·L^{-1} H$_2$SO$_4$，另一份加入 2 mol·L^{-1} NaOH 溶液。观察现象，写出有关的方程式。

3. **铜、银、锌、镉、汞配合物的生成及性质**

（1）氨配合物　分别往盛有 0.5 mL 0.1 mol·L^{-1} CuSO$_4$、ZnSO$_4$、CdSO$_4$、Hg（NO$_3$）$_2$、AgNO$_3$ 溶液的试管中逐滴滴加 2 mol·L^{-1} 氨水，观察沉淀的生成与溶解。写出有关的反应式。

（2）汞的配合物的生成及应用　往盛有 0.5 mL 0.1 mol·L^{-1} Hg（NO$_3$）$_2$ 溶液的试管中，逐滴滴加 0.1 mol·L^{-1} KI 溶液，观察沉淀的生成和颜色。再往

沉淀上加少量碘化钾固体，溶液显何种颜色？

（3）铜（Ⅱ）的配合物　取少量固体 $CuCl_2$，然后加入浓盐酸，温热，使固体溶解，再加入少量蒸馏水，观察溶液的颜色，写出反应式。

4. Cr 和 Mn 各种氧化态之间的转化条件

（1）Cr 的某些化合物

① 取 2 滴 $0.1\ mol \cdot L^{-1}$ $CrCl_3$ 溶液，滴加 $2\ mol \cdot L^{-1}$ $NaOH$ 溶液至过量，观察并记录沉淀的生成及溶液的颜色变化，然后加数滴 $3‰$ H_2O_2 溶液，微热，观察溶液颜色的变化，并写出离子方程式。

② 取 4 滴 $0.1\ mol \cdot L^{-1}$ K_2CrO_4 溶液，加几滴 $2\ mol \cdot L^{-1}$ H_2SO_4 溶液，使其酸化，观察颜色变化，再加入 $0.1\ mol \cdot L^{-1}$ $FeSO_4$ 溶液，观察现象，并写出离子方程式。

（2）Mn 的某些化合物

① 取 4 滴 $0.1\ mol \cdot L^{-1}$ $MnSO_4$ 溶液，加入几滴 $2\ mol \cdot L^{-1}$ $NaOH$，观察沉淀颜色的变化，再加入 1 滴 $3‰$ H_2O_2 充分振荡，观察沉淀颜色的变化，并解释之。

② 取 2 滴 $0.1\ mol \cdot L^{-1}$ $MnSO_4$ 溶液，加入数滴 $6\ mol \cdot L^{-1}$ HNO_3 溶液，再加入少许固体 $NaBiO_3$，振荡（必要时可微热），静置，观察现象，并写出离子方程式。

5. 铁、钴、镍的配合物

（1）铁的配合物

① 在盛有 $1\ mL$ $0.5\ mol \cdot L^{-1}$ $K_4[Fe(CN)_6]$ 溶液的试管中，加入约 $0.5\ mL$ 碘水，摇动试管后，滴入数滴 $0.1\ mol \cdot L^{-1}$ $(NH_4)_2Fe(SO_4)_2$ 溶液，有何现象发生？此为 Fe^{2+} 的鉴定反应。

② 往 $0.1\ mol \cdot L^{-1}$ $FeCl_3$ 溶液中加入 $0.5\ mol \cdot L^{-1}$ $K_4[Fe(CN)_6]$ 溶液，观察现象。这也是鉴定 Fe^{3+} 的一种常用方法。

③ 在 $0.1\ mol \cdot L^{-1}$ $FeCl_3$ 溶液中加入少量 $0.1\ mol \cdot L^{-1}$ $KSCN$ 溶液，观察现象。然后加入少量固体 $Na_2C_2O_4$，观察溶液颜色变化，并做解释。写出反应式。

④ 往盛有 $0.5\ mL$ $0.1\ mol \cdot L^{-1}$ $FeCl_3$ 的试管中滴入浓氨水直至过量，观察沉淀是否溶解。

（2）钴的配合物

① 往盛有 $3\ mL$ $0.1\ mol \cdot L^{-1}$ $CoCl_2$ 溶液的试管里加入 1 滴饱和 $KSCN$，再加入 $0.5\ mL$ 丙酮，观察水相和有机相的颜色。这个反应可用来鉴定 Co^{2+}。

② 往 $0.5\ mL$ $0.1\ mol \cdot L^{-1}$ $CoCl_2$ 溶液中滴加浓氨水，至生成的沉淀刚好

溶解为止，静置一段时间后，观察溶液的颜色有何变化。

（3）镍的配合物

① 往 2 mL 0.1 mol·L^{-1} NiSO$_4$ 溶液中加入过量的 6 mol·L^{-1} 氨水，观察现象。然后逐滴加入 1‰乙二胺溶液，再观察现象。

② 在 0.1 mol·L^{-1} NiSO$_4$ 溶液中加入 2 mol·L^{-1} NH$_3$·H$_2$O 至呈弱碱性，再加入 1 滴 1‰丁二酮肟溶液，观察现象。这个反应可用来鉴定 Ni^{2+}。

五、思考题

1. 焰色反应检验法的操作中有哪些应注意之处？

2. Cu^{2+}、Ag$^+$、Zn^{2+}、Hg^{2+} 与 NaOH 反应的产物各是什么？

3. 如何鉴定 Co^{2+} 和 Ni^{2+} 的存在？

4. 如何鉴定 Cr^{3+} 和 Mn^{2+} 的存在？

第4章 应用性实验

实验十一 粗食盐的提纯

一、实验目的

1. 掌握粗食盐提纯的原理、方法及有关离子的鉴定。
2. 练习称量、溶解、过滤、蒸发、结晶及减压抽滤等基本操作。

二、实验原理

粗食盐中通常含有 K^+、Ca^{2+}、Mg^{2+}、SO_4^{2-} 以及 CO_3^{2-} 等可溶性杂质和泥沙等不溶性杂质。不溶性杂质可用溶解、过滤等方法除去；可溶性杂质要加入适当的化学试剂除去。除去粗食盐中的可溶性杂质需经过以下几个步骤：

(1)在粗食盐溶液中加入稍过量的 $BaCl_2$ 溶液可除去 SO_4^{2-}：

$$Ba^{2+} + SO_4^{2-} =\!=\!= BaSO_4 \downarrow$$

(2)在粗食盐溶液中加入 $NaOH$ 和 Na_2CO_3 混合溶液，可将 Ca^{2+}、Mg^{2+} 和过量的 Ba^{2+} 除去：

$$Ca^{2+} + CO_3^{2-} =\!=\!= CaCO_3 \downarrow$$
$$Ba^{2+} + CO_3^{2-} =\!=\!= BaCO_3 \downarrow$$
$$2Mg^{2+} + 2OH^- + CO_3^{2-} =\!=\!= Mg_2(OH)_2CO_3 \downarrow$$

(3)用稀 HCl 溶液调节食盐溶液的 pH 至 $4\sim5$，可除去 OH^- 和 CO_3^{2-}：

$$OH^- + H^+ =\!=\!= H_2O$$
$$CO_3^{2-} + 2H^+ =\!=\!= CO_2(g) + H_2O$$

这时 K^+ 仍留在溶液中。由于 KCl 溶解度比 NaCl 大，而且在粗食盐中含量少，所以在蒸发和浓缩食盐溶液时，NaCl 先结晶出来，而 KCl 仍留在溶液中，趁热抽滤即可除去，得到纯净的氯化钠。

三、仪器和试剂

仪器：试管、离心试管、量筒(10 mL、100 mL)、烧杯(100 mL)、吸滤瓶、布氏漏斗、普通漏斗、漏斗架、蒸发皿、表面皿、电子天平(称量精确度0.01 g)或托盘天平、电炉、离心机。

试剂：H_2SO_4（3 mol·L^{-1}）、HCl（6 mol·L^{-1}）、HAc（2 mol·L^{-1}）、NaOH（6 mol·L^{-1}）、NaOH（2 mol·L^{-1}）-Na_2CO_3（饱和）混合溶液（1∶1）、$(NH_4)_2C_2O_4$（饱和）、$BaCl_2$（0.2 mol·L^{-1}、1 mol·L^{-1}）、粗食盐、镁试剂①、pH 试纸、滤纸、称量纸。

四、实验内容

1. 粗食盐的提纯

（1）除泥沙及 SO_4^{2-}　称取 10 g 粗食盐于 100 mL 烧杯中，加入 30 mL 水，用电炉加热搅拌使大部分固体溶解，边搅拌边滴加 1 mol·L^{-1} $BaCl_2$ 溶液至沉淀完全(需 2～3 mL)，继续加热 4～5 min，使 $BaSO_4$ 沉淀颗粒长大易于沉淀和过滤。为检验沉淀是否完全，将烧杯从电炉上移开，冷却片刻，取少量溶液于离心试管中离心，将离心得到的上层清液转移至试管中，加 2～3 滴 1 mol·L^{-1} $BaCl_2$ 溶液，如果溶液无混浊表示 SO_4^{2-} 已沉淀完全。若 SO_4^{2-} 尚未除尽，需继续往热溶液中滴加 $BaCl_2$ 溶液，直至上层清液在滴入 1 滴 $BaCl_2$ 溶液后，不再产生混浊，表示 SO_4^{2-} 已除尽。趁热常压过滤，用少量蒸馏水洗涤沉淀2～3次，滤液收集到 100 mL 烧杯中。

（2）除 Ca^{2+}、Mg^{2+} 及过量的 Ba^{2+}　将滤液加热至沸，边搅拌边滴加由 2 mol·L^{-1} NaOH 溶液和饱和 Na_2CO_3 所组成的 1∶1(体积比)的混合溶液(3～4 mL)，至 pH 为 11 左右(用 pH 试纸检验)，静置冷却片刻，同样取 1～2 mL 溶液于离心试管中离心，用滴管取上层清液滴加在试管中，再加几滴 3 mol·L^{-1} H_2SO_4 溶液，如有混浊现象，则表示 Ba^{2+} 未除尽，继续加 NaOH-Na_2CO_3 混合溶液，直至除尽为止。常压过滤，弃去沉淀。

（3）除 OH^- 及 CO_3^{2-}　往溶液中逐滴加 6 mol·L^{-1} HCl 溶液，加热搅拌，中和到溶液呈微酸性(用 pH 试纸测得 pH=4～5)。

（4）除 K^+　将滤液转移至蒸发皿中，用小火把上述溶液加热蒸发浓缩，并不断搅拌至稠状(切不可将溶液蒸发至干)，趁热减压过滤至布氏漏斗无水滴滴下。然后把晶体转移到事先已称重的表面皿中，称重，计算产率。

2. 产品纯度的检验

取粗食盐和提纯后的产品 NaCl 各 0.5 g 于试管中，分别用 5 mL 蒸馏水溶解，然后用下列方法对离子进行定性检验并比较二者的纯度。

（1）SO_4^{2-} 的检验　在两支试管中分别加入上述粗、纯 NaCl 溶液约 1 mL，

---

① 镁试剂(对硝基偶氮苯酚)在酸性介质中呈黄色，在碱性介质中呈红紫色，被氢氧化镁胶状沉淀吸附后呈天蓝色。

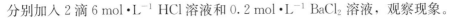

分别加入 2 滴 6 mol·L^{-1} HCl 溶液和 0.2 mol·L^{-1} BaCl$_2$ 溶液，观察现象。

（2）Ca^{2+} 的检验　在两支试管中分别加入上述粗、纯 NaCl 溶液约 1 mL，加 2 mol·L^{-1} HAc 溶液使呈酸性，再分别加入 3～4 滴饱和（NH$_4$）$_2$C$_2$O$_4$ 溶液，观察现象。

（3）Mg^{2+} 的检验　在两支试管中分别加入上述粗、纯 NaCl 溶液约 1 mL，先各加入 4～5 滴 6 mol·L^{-1} NaOH 溶液，摇匀，再分别加入 3～4 滴镁试剂溶液，溶液有蓝色絮状沉淀时，表示 Mg^{2+} 存在。反之，若溶液仍为紫色，表示无 Mg^{2+} 存在。

3. 实验结果

（1）产品外观：①粗盐_____；②精盐_____。

（2）产品纯度检验按下表进行：

检验项目	检验方法	被检溶液	实验现象	结论
SO$_4^{2-}$	加入 6 mol·L^{-1} HCl 和 0.2 mol·L^{-1} BaCl$_2$ 溶液	1 mL 粗 NaCl 溶液		
		1 mL 纯 NaCl 溶液		
Ca^{2+}	（NH$_4$）$_2$C$_2$O$_4$ 饱和溶液和 HAc	1 mL 粗 NaCl 溶液		
		1 mL 纯 NaCl 溶液		
Mg^{2+}	6 mol·L^{-1} NaOH 溶液和镁试剂	1 mL 粗 NaCl 溶液		
		1 mL 纯 NaCl 溶液		

五、思考题

1. 在除去 Ca^{2+}、Mg^{2+}、SO$_4^{2-}$ 时为何先加 BaCl$_2$ 溶液，然后再加 Na$_2$CO$_3$ 溶液？顺序相反行吗？

2. 能否用无毒的 CaCl$_2$ 代替毒性大的 BaCl$_2$ 来除去食盐中的 SO$_4^{2-}$？过量的 Ba^{2+} 如何除去？

3. 在除去 Ca^{2+}、Mg^{2+}、SO$_4^{2-}$ 等杂质离子时，能否用其他可溶性碳酸盐代替 Na$_2$CO$_3$？除去 CO$_3^{2-}$ 为什么要用盐酸而不用其他强酸？

4. 在提纯粗食盐过程中，如何除去 K$^+$？

实验十二　溶液的凝固点下降及其应用

一、实验目的

1. 掌握凝固点下降法测定难挥发非电解质的相对分子质量的原理和方法。

2.练习吸量管、移液管、温度计和秒表的使用方法。

二、实验原理

凝固点下降是稀溶液的依数性之一。当难挥发非电解质溶于某一溶剂时，由于溶剂的蒸气压降低，导致溶液的凝固点下降。难挥发非电解质稀溶液的凝固点下降值(ΔT_f)与溶液的质量摩尔浓度(b_B)成正比：

$$\Delta T_f = T_f^* - T_f = K_f b_B \qquad (12.1)$$

式中：ΔT_f 为凝固点下降值；T_f^* 为纯溶剂的凝固点；T_f 为溶液的凝固点；K_f 为凝固点摩尔降低常数，不同的溶剂有不同的 K_f 值，如水的 K_f 为 $1.86\ ℃\cdot kg\cdot mol^{-1}$。若溶剂和溶质的质量分别为 m_A 和 m_B，溶质的摩尔质量为 M_B，则式(12.1)可改写为

$$\Delta T_f = K_f \frac{m_B / M_B}{m_A} \times 1\,000 \qquad (12.2)$$

若已知 ΔT_f、m_A、m_B 的数值，则溶质的摩尔质量可以通过下式求出：

$$M_B = \frac{K_f m_B}{m_A \Delta T_f} \times 1\,000 \qquad (12.3)$$

上式中，K_f 的单位为 $℃\cdot kg\cdot mol^{-1}$，ΔT_f 的单位为 $℃$，m_A、m_B 的单位为 g，M_B 的单位为 $g\cdot mol^{-1}$。要测定 M_B，需求得 ΔT_f，即需通过实验分别测得纯溶剂和溶液的凝固点。

凝固点的测定可采用过冷法，对于纯溶剂，在降温过程中，温度随时间的变化均匀下降，最初较快，但当开始凝固时，由于生成晶体放出热量而补偿了热的损失，使系统温度保持相对恒定，直至全部液体凝固后温度才会又均匀下降，如图4.1(a)所示，相对恒定的温度就是凝固点。但在实际测量时常常发生过冷现象，即在过冷后才开始析出固体，然后温度又回到稳定的平衡温度，如图4.1(b)所示。所以在冷却过程中连续记温就可获得物质的准确凝固点。

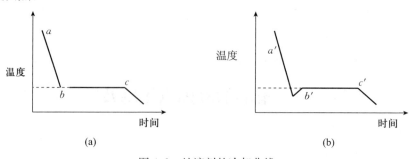

(a)   (b)

图4.1　纯溶剂的冷却曲线

图 4.1 中，平台 bc 或 $b'c'$ 对应的温度就是纯溶剂的凝固点。

在测定溶液凝固点时，其冷却曲线与纯溶剂的冷却曲线是不完全相同的。这是因为在溶液中，当达到凝固点时，随着溶剂成为晶体从溶液中析出，溶液的浓度不断增大，凝固点也逐渐下降，所以水平段向下倾斜，冷却曲线如图 4.2(a)所示，b 点对应的温度即为溶液的凝固点。在实际测量时也有过冷现象，冷却曲线如图 4.2(b)所示，可将斜线线段延长，与过冷前的冷却曲线相交，交点的温度即为溶液的凝固点。

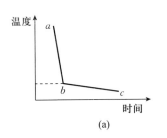
(a)

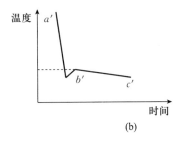
(b)

图 4.2　溶液的冷却曲线

为了保证凝固点测定的准确性，每次测定要尽可能控制到相同的过冷程度，这样才能使析出的晶体量差不多，才有可能使回升温度一致，从而测得较为准确的凝固点。

三、仪器和试剂

仪器：大试管($\Phi30$ mm)、塑料烧杯(500 mL)、移液管(25.00 mL)、吸量管(1.00 mL)、温度计(具有 0.1 ℃刻度，$-20\sim50$ ℃)、橡皮塞、秒表、冰柜。

试剂：蒸馏水、乙二醇(A.R.)、冰盐浴(10%)。

四、实验内容

1. 纯水凝固点的测定　按图 4.3 所示安装好仪器，在大试管的橡皮塞中固定温度计和搅棒，温度计距底部约 1 cm，搅棒可上下移动，但不能碰到温度计。

用移液管移取 25.00 mL 蒸馏水于大试管中，装好温度计和搅棒，记下蒸馏水的温度。将大试管放入冰盐浴中(试管液面必须低于冰盐浴的液面)，用搅棒不断搅动，接近 0 ℃时停止搅动，待蒸馏水

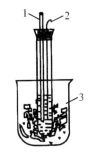
图 4.3　测定凝固点的装置
1. 温度计　2. 搅棒
3. 冰盐浴

的温度过冷到凝固点以下 0.5 ℃左右再继续搅拌，此后温度迅速回升，当温度保持恒定时，即为纯水的凝固点。若观察不到过冷现象，就以温度保持恒定时的温度作为其凝固点。

2. 乙二醇水溶液凝固点的测定

（1）将大试管取出，用吸量管移取 1.00 mL 乙二醇于其中，观察试管中冰的融化现象，冰完全融化后，搅拌均匀，将大试管放回冰盐浴中，待冷却到 0 ℃时开始每半分钟记录一次温度，开始凝固后的温度并不像蒸馏水那样保持恒定，而是缓慢下降，一直记录到温度明显下降为止（约−2.0 ℃）。若有过冷现象，记录到温度下降后回升到不再上升为止。

（2）取出大试管，再移入 1.00 mL 乙二醇，待冰完全融化后，搅拌均匀，放回冰盐浴，待冷却到 −1.5 ℃左右时开始每半分钟记录一次温度，至 −3.0 ℃止。实验结束后冰盐浴不要倒掉，放回冰柜内备用。

五、数据记录及处理

1. 蒸馏水的凝固点_____℃。

2. 25.00 mL 水中加入 1.00 mL 乙二醇时溶液凝固点的测定结果记录于表 4.1 中。

表 4.1

时间/min	
温度/℃	

3. 25.00 mL 水中加入 2.00 mL 乙二醇时溶液凝固点的测定结果记录于表 4.2 中。

表 4.2

时间/min	
温度/℃	

4. 分别以时间为横坐标，温度为纵坐标作图，求出 2、3 中乙二醇溶液的凝固点，并根据 $M_B = \dfrac{K_f m_B}{m_A \Delta T_f} \times 1\,000$ 求出乙二醇的摩尔质量。

六、思考题

1. 纯溶剂的冷却曲线和溶液的冷却曲线有何不同？如何根据冷却曲线确

定凝固点？

2. 测定凝固点时，为什么大试管中的液面必须低于冰盐浴的液面？在溶液凝固点附近为何不能搅拌？

3. 实验中所配溶液的浓度太大或太小会给实验结果带来什么影响？为什么？

4. 已知乙二醇的密度为 $1.11\,\mathrm{g \cdot mL^{-1}}$，水的密度为 $1.00\,\mathrm{g \cdot mL^{-1}}$，乙二醇的摩尔质量为 $62.1\,\mathrm{g \cdot mol^{-1}}$，计算在 25.00 mL 水中加入 1.50 mL 乙二醇时溶液凝固点理论值为多少。

实验十三　四氨合铜(Ⅱ)配离子的 $K_f^{\ominus}$ 的测定

一、实验目的

1. 了解电位法测定配离子 $K_f^{\ominus}$ 的原理和方法。
2. 进一步学习酸度计的使用方法。
3. 进一步练习溶液的配制，移液管、相对密度计的使用等基本操作。

二、实验原理

电位法是测定配合物 $K_f^{\ominus}$ 的经典方法，也是现代常用的方法之一。

按图 4.4　组成浓差电池：

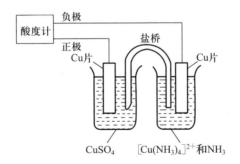

图 4.4　电动势测定装置

$(-)\mathrm{Cu}|[\mathrm{Cu(NH_3)_4}]^{2+}(0.50\ \mathrm{mol \cdot L^{-1}})，\mathrm{NH_3}(x\,\mathrm{mol \cdot L^{-1}})\|\mathrm{Cu}^{2+}(0.50\ \mathrm{mol \cdot L^{-1}})|\mathrm{Cu}(+)$

可用酸度计测出其电动势 ε。

正极反应：$\mathrm{Cu^{2+}}(0.5\ \mathrm{mol \cdot L^{-1}})+2e^- \Longrightarrow \mathrm{Cu}$

负极反应：$\mathrm{Cu}+4\mathrm{NH_3}(x\ \mathrm{mol \cdot L^{-1}}) \Longrightarrow [\mathrm{Cu(NH_3)_4}]^{2+}(0.5\ \mathrm{mol \cdot L^{-1}})+2e^-$

电池反应：$\mathrm{Cu^{2+}}(0.5\ \mathrm{mol \cdot L^{-1}})+4\mathrm{NH_3}(x\ \mathrm{mol \cdot L^{-1}}) \Longrightarrow [\mathrm{Cu(NH_3)_4}]^{2+}$

$(0.5\ mol \cdot L^{-1})$

若将$[Cu(NH_3)_4]^{2+}$、Cu^{2+}、NH_3的活度系数都近似地看作1，则可推导出298.15 K时此电池的电动势为

$$\varepsilon = \varepsilon^{\ominus} + \frac{0.0592\ V}{2} lg \frac{[c(Cu^{2+})/c^{\ominus}][c(NH_3)/c^{\ominus}]^4}{c\{[Cu(NH_3)_4]^{2+}\}/c^{\ominus}}$$

当$[Cu(NH_3)_4]^{2+}$、Cu^{2+}和NH_3的浓度已知时，就可以测出电池的电动势ε，再由上式求出$\varepsilon^{\ominus}$，最后利用关系式：

$$\Delta_r G_m^{\ominus} = -zF\varepsilon^{\ominus}$$

$$lg K_f^{\ominus} = \frac{z\varepsilon^{\ominus}}{0.0592\ V}$$

即可求得$[Cu(NH_3)_4]^{2+}$的$K_f^{\ominus}$。

三、仪器和试剂

仪器：烧杯(100 mL)、移液管(20.00 mL)、电子毫伏计(或酸度计)、相对密度计、铜片和导线、盐桥。

试剂：$NH_3 \cdot H_2O$(浓)、$CuSO_4$($1.0\ mol \cdot L^{-1}$)。

四、实验内容

1. 用移液管分别移取20.00 mL $1.0\ mol \cdot L^{-1}$ $CuSO_4$溶液和20.00 mL蒸馏水，放入干燥洁净的100 mL烧杯中，混合均匀。

2. 测量浓$NH_3 \cdot H_2O$的相对密度，查附录3求出浓氨水的浓度。

3. 用移液管分别移取20.00 mL $1.0\ mol \cdot L^{-1}$ $CuSO_4$溶液和20.00 mL浓氨水于另一干燥洁净的100 mL烧杯中，充分混匀，直至生成深蓝色溶液。

将两铜片分别插入上述两个烧杯中，接入电子毫伏计(或酸度计)，插入盐桥即可测得电池的电动势。

五、数据记录及处理

$c(Cu^{2+})/(mol \cdot L^{-1})$_____，$c\{[Cu(NH_3)_4]^{2+}\}/(mol \cdot L^{-1})$_____

$\rho(NH_3)/(g \cdot mL^{-1})$_____，$c(NH_3)/(mol \cdot L^{-1})$_____

$c_{eq}(NH_3)/(mol \cdot L^{-1})$_____

ε/V_____，$\varepsilon^{\ominus}/V$_____

$\Delta_r G_m^{\ominus}$_____，$K_f^{\ominus}$_____

注：$c\{[Cu(NH_3)_4]^{2+}\}$可以近似看作为Cu^{2+}的起始浓度$0.50\ mol \cdot L^{-1}$，因为在过量的氨水中，可近似认为Cu^{2+}全部生成了$[Cu(NH_3)_4]^{2+}$配离子。

六、思考题

1. 本实验的实验原理是什么？
2. 实验中为什么要使用干燥的烧杯，如不干燥会有什么影响？
3. 将实验结果和文献值比较，分析产生误差的原因。

实验十四 硫酸亚铁铵的制备

一、实验目的

1. 了解复盐硫酸亚铁铵的一般性质。
2. 了解复盐硫酸亚铁铵的制备原理和方法。
3. 练习加热以及溶解、过滤、蒸发、结晶等基本操作。

二、实验原理

铁屑溶于稀 H_2SO_4 中生成 $FeSO_4$：

$$Fe + H_2SO_4 \longrightarrow FeSO_4 + H_2 \uparrow$$

等物质的量的 $FeSO_4$ 与 $(NH_4)_2SO_4$ 在水溶液中相互作用，即生成溶解度较硫酸亚铁小的浅绿色硫酸亚铁铵 $FeSO_4 \cdot (NH_4)_2SO_4 \cdot 6H_2O$ 复盐晶体。

$$FeSO_4 + (NH_4)_2SO_4 + 6H_2O \Longrightarrow FeSO_4 \cdot (NH_4)_2SO_4 \cdot 6H_2O(浅绿色晶体)$$

简单的亚铁盐在空气中易被氧化，但此复盐较稳定，不易被氧化。

三、仪器和试剂

仪器：量筒(10 mL、100 mL)、烧杯(100 mL)、锥形瓶(250 mL)、洗瓶、水浴锅、吸滤瓶、布氏漏斗、表面皿、电子天平(称量精确度 0.01 g)或托盘天平、电炉、石棉网、普通玻璃漏斗、漏斗架。

试剂：H_2SO_4 (3 mol·L^{-1})、Na_2CO_3 (10%)、$(NH_4)_2SO_4$ (固)、铁屑、滤纸。

四、实验内容

1. **铁屑的净化(去油污)处理** 称取 4.2 g 铁屑于锥形瓶中，再加入 20 mL 10% Na_2CO_3 溶液，小火加热 10 min，以除去铁屑上的油污，用倾析法除去碱液，用水洗净铁屑(如果用纯净的铁屑，可省去这一步)，备用。

2. **硫酸亚铁的制备** 将 25 mL 3 mol·L^{-1} H_2SO_4 倒入盛铁屑的锥形瓶中，在水浴中加热，并经常取出锥形瓶摇荡和适当补充水分，至不再有细小气泡冒出为止(最好在通风橱中进行),再加入 1 mL 3 mol·L^{-1} H$_2$SO$_4$(加酸是为了防止 Fe^{2+} 转化为 Fe^{3+}),注意反应时间不宜过长(为什么?)。趁热过滤分离溶液和残渣。

3. **硫酸亚铁铵的制备**　根据计算出来的硫酸亚铁的理论产量,按照关系式计算并称取所需(约 9.5 g)(NH$_4$)$_2$SO$_4$ 固体加入上述溶液中。然后水浴加热,搅拌至(NH$_4$)$_2$SO$_4$ 完全溶解。继续蒸发浓缩至表面出现晶膜为止。放置,让溶液自然冷却至室温,析出浅绿色硫酸亚铁铵晶体。减压抽滤,把晶体放在表面皿上晾干,观察晶体的颜色和形状,称重并计算产率。

五、思考题

1. 在硫酸亚铁铵的制备过程中为什么要控制溶液 pH 为 1～2?

2. 在使用水浴时应该注意些什么?本实验中前后两次水浴加热的目的有何不同?

3. 硫酸亚铁铵的理论产量如何计算?

4. 什么情况下应采用常压过滤?什么情况下应采用减压过滤?减压过滤时,应注意哪些事项?步骤有哪些?

第5章 设计性实验

设计性实验是一项带创造性的工作，需以有关的普通化学基础理论知识为指导，并通过实验来验证理论。设计性实验的目的在于培养学生应用普通化学基础理论、基本知识和基本实验技能，进行独立分析问题与解决问题的能力，同时对学生进行初步的科研训练。设计性实验要求学生通过查阅有关资料，综合分析所得的原始材料自行设计实验方案，经教师审阅同意后，独立完成实验。最后总结实验结果，以论文的形式写出实验报告。实验报告内容一般包括前言部分、实验路线、实验结果与讨论、参考文献等。

实验十五　硝酸钾的提纯

一、实验目的

1. 了解 KNO_3 的溶解度与温度的关系，并利用有关这方面的知识，对粗的 KNO_3 进行提纯。

2. 进一步熟悉溶解、减压过滤等操作。

二、实验要求

1. 本实验用的粗硝酸钾中含有质量分数约 5％ 的氯化钠，要求利用 KNO_3 和 $NaCl$ 溶解度的关系提纯 10 g 粗硝酸钾。

2. 纯化后的产品要进行质量鉴定(检查 Cl^-)。

三、思考题

1. 结合本实验说明何谓结晶和重结晶。

2. 纯化粗的硝酸钾应采取什么样的操作步骤？

3. 产品的主要杂质是什么？

实验十六　氯化铵的制备

一、实验目的

应用已学过的溶解和结晶等理论知识，以食盐和硫酸铵为原料，制备氯化铵。

二、实验要求

1. 查阅有关资料，列出氯化钠、硫酸铵、氯化铵和硫酸钠(包括十水硫酸钠)不同温度下在水中的溶解度。

2. 设计出制备 $15\ g$ 理论量氯化铵的实验方案，进行实验。

3. 用简单方法对产品质量进行鉴定。

三、思考题

1. 食盐中的不溶性杂质在哪一步除去？

2. 食盐与硫酸铵的反应是一个复分解反应，因此在溶液中同时存在着氯化钠、硫酸铵、氯化铵和硫酸钠。根据它们在不同温度下的溶解度差异，可采取怎样的实验条件和操作步骤，使氯化铵与其他三种盐分离？在保证氯化铵产品纯度的前提下，如何来提高它的产量？

实验十七　离子的分离与鉴定

一、实验目的

1. 应用已学过的非金属元素性质的知识，了解常见阴离子的分离与鉴定方法。

2. 应用已学过的金属元素性质的知识，练习混合阳离子的分离与鉴定。

二、实验内容

依据元素及其化合物的性质，根据指导教师的要求对下列几组阴离子和阳离子溶液，设计分离和鉴定方案，进行实验，写出实验报告。

1. 阴离子混合液

(1) I^- 和 Cl^- 混合液。

(2) SO_4^{2-} 和 PO_4^{3-} 混合液。

(3) Cl^-、SO_4^{2-}、NO_3^- 混合液。

(4) SO_4^{2-}、PO_4^{3-}、$S_2O_3^{2-}$ 混合液。

2. 阳离子混合液

(1) Cu^{2+} 和 Ag^+ 的混合液。

(2) Cr^{3+} 和 Mn^{2+} 的混合液。

(3) Fe^{3+}、Ni^{2+}、Co^{2+} 的混合液。

(4) Fe^{3+}、Co^{2+}、Hg^{2+} 的混合液。

三、思考题

1. 酸性条件下阴离子 $S_2O_3^{2-}$ 、I^- 、NO_3^- 是否共存?

2. 试设计一个实验方案对 SO_4^{2-} 、Cl^- 、I^- 混合离子进行分离。

3. 试设计一个实验方案,分离并鉴定 Cr^{3+} 、Fe^{3+} 、Ni^{2+} 的混合离子。

第三部分 >>>

附　　录

附录1 元素相对原子质量表（2004）

元素	符号	相对原子质量	元素	符号	相对原子质量	元素	符号	相对原子质量	元素	符号	相对原子质量
锕	Ac	227.03	铒	Er	167.26	锰	Mn	54.94	钌	Ru	101.07
银	Ag	107.87	锿	Es	252.08	钼	Mo	95.94	硫	S	32.06
铝	Al	26.98	铕	Eu	151.96	氮	N	14.01	锑	Sb	121.76
镅	Am	243.06	氟	F	19.00	钠	Na	22.99	钪	Sc	44.96
氩	Ar	39.95	铁	Fe	55.85	铌	Nb	92.91	硒	Se	78.96
砷	As	74.92	镄	Fm	257.10	钕	Nd	144.24	硅	Si	28.09
砹	At	209.99	钫	Fr	223.02	氖	Ne	20.18	钐	Sm	150.36
金	Au	196.97	镓	Ga	69.72	镍	Ni	58.69	锡	Sn	118.71
硼	B	10.81	钆	Gd	157.25	锘	No	259.10	锶	Sr	87.62
钡	Ba	137.33	锗	Ge	72.64	镎	Np	237.05	钽	Ta	180.95
铍	Be	9.012	氢	H	1.008	氧	O	16.00	铽	Tb	158.93
铋	Bi	208.98	氦	He	4.003	锇	Os	190.23	锝	Tc	97.91
锫	Bk	247.07	铪	Hf	178.49	磷	P	30.97	碲	Te	127.60
溴	Br	79.90	汞	Hg	200.59	镤	Pa	231.04	钍	Th	232.04
碳	C	12.01	钬	Ho	164.93	铅	Pb	207.2	钛	Ti	47.87
钙	Ca	40.08	碘	I	126.90	钯	Pd	106.42	铊	Tl	204.39
镉	Cd	112.41	铟	In	114.82	钷	Pm	144.91	铥	Tm	168.93
铈	Ce	140.12	铱	Ir	192.22	钋	Po	208.98	铀	U	238.03
锎	Cf	251.08	钾	K	39.10	镨	Pr	140.91	钒	V	50.94
氯	Cl	35.45	氪	Kr	83.88	铂	Pt	195.08	钨	W	183.84
锔	Cm	247.07	镧	La	138.91	钚	Pu	244.06	氙	Xe	131.29
钴	Co	58.93	锂	Li	6.941	镭	Ra	226.03	钇	Y	88.91
铬	Cr	52.00	铹	Lr	260.11	铷	Rb	85.47	镱	Yb	173.04
铯	Cs	132.91	镥	Lu	174.97	铼	Re	186.21	锌	Zn	65.41
铜	Cu	63.55	钔	Md	258.10	铑	Rh	102.91	锆	Zr	91.22
镝	Dy	162.50	镁	Mg	24.31	氡	Rn	222.02			

附录 2　常见无机化合物的相对分子质量

化合物	相对分子质量	化合物	相对分子质量
Ag_2CrO_4	331.73	Fe_2O_3	159.69
$AgBr$	187.78	FeO	71.85
$AgCl$	143.32	$FeSO_4 \cdot (NH_4)_2SO_4 \cdot 6H_2O$	392.14
$AgCN$	133.89	$FeSO_4 \cdot 7H_2O$	278.05
AgI	234.77	$H_2C_2O_4 \cdot 2H_2O$	126.07
$AgNO_3$	169.87	H_2CO_3	62.02
$Al(OH)_3$	78.00	H_2O	18.02
Al_2O_3	101.96	H_2O_2	34.02
As_2O_3	197.84	H_2SO_3	82.08
As_2O_5	229.84	H_2SO_4	98.08
$Ba(OH)_2$	171.35	H_3PO_4	98.00
$BaCl_2 \cdot 2H_2O$	244.27	HCl	36.46
$BaSO_4$	233.40	$HgCl_2$	271.52
$Ca(OH)_2$	74.10	HNO_3	63.01
$Ca_3(PO_4)_2$	310.18	K_2CO_3	138.21
CaC_2O_4	128.10	$K_2Cr_2O_7$	294.19
$CaCl_2$	110.99	K_2CrO_4	194.20
$CaCO_3$	100.09	K_2O	94.20
CaO	56.08	KBr	119.01
$CaSO_4$	136.14	$KBrO_3$	167.01
$CH_3COOH(HAc)$	60.05	KCl	74.55
$CH_3COONa(NaAc)$	82.04	KCN	65.12
$CO(NH_2)_2$	60.05	KH_2PO_4	136.08
CO_2	44.01	$KHC_2O_4 \cdot H_2C_2O_4 \cdot 2H_2O$	254.20
CuO	79.54	$KHC_2O_4 \cdot H_2O$	146.13
CuS	95.60	$KHC_8H_4O_4$(邻苯二甲酸氢钾)	204.23
$CuSO_4 \cdot 5H_2O$	249.68	$KHSO_4$	136.16
$Fe(OH)_3$	106.88	KI	166.01

（续）

化合物	相对分子质量	化合物	相对分子质量
KIO_3	214.00	$NaNO_3$	85.00
$KMnO_4$	158.04	$NaOH$	40.00
KNO_3	101.10	NH_3	17.03
KOH	56.10	$NH_3 \cdot H_2O$	35.05
$KSCN$	97.18	NH_4Cl	53.49
$Mg(OH)_2$	58.33	$NH_4Fe(SO_4)_2 \cdot 12H_2O$	482.22
$Mg_2P_2O_7$	222.57	$(NH_4)_2HPO_4$	132.06
$MgCl_2$	95.22	$NH_4H_2PO_4$	115.03
$MgNH_4PO_4$	137.33	NH_4HCO_3	79.06
MgO	40.13	$(NH_4)_2MoO_4$	196.02
MnO_2	86.94	NH_4NO_3	80.05
$Na_2B_4O_7 \cdot 10H_2O$	381.42	$(NH_4)_2SO_4$	132.14
$Na_2C_2O_4$	134.00	P_2O_5	141.94
Na_2CO_3	105.99	$PbCl_2$	278.10
$Na_2H_2Y \cdot 2H_2O$(EDTA 钠盐)	372.24	SiO_2	60.08
$Na_2S_2O_3 \cdot 5H_2O$	248.18	$SnCl_2$	189.60
$NaCl$	58.44	SO_2	64.06
$NaCN$	49.01	SO_3	80.06
$NaHCO_3$	84.00	$ZnSO_4 \cdot 7H_2O$	287.58

附录3 常用酸、碱溶液的相对密度和质量分数

试剂名称	相对密度	质量分数 $w/10^{-2}$
硫酸	1.84	98～96
	1.18	25
	1.06	9
盐酸	1.10	20
	1.08	16
	1.06	12
	1.04	8
	1.02	4
硝酸	1.40	65
	1.20	32
	1.07	12
磷酸	1.70	85
	1.05	9
氢氧化钠	1.36	33
	1.09	8
氨水	0.88	35
	0.91	25
	0.96	11
	0.99	3.5

附录 4　不同温度下水的饱和蒸气压(0～100 ℃)

温度/℃	压力/kPa	温度/℃	压力/kPa	温度/℃	压力/kPa
0	0.612 5	34	5.320	68	28.56
1	0.656 8	35	5.623	69	29.83
2	0.705 8	36	5.942	70	31.16
3	0.758 0	37	6.275	71	32.52
4	0.813 4	38	6.625	72	33.95
5	0.872 4	39	6.992	73	35.43
6	0.935 0	40	7.376	74	35.96
7	1.002	41	7.778	75	38.55
8	1.073	42	8.200	76	40.19
9	1.148	43	8.640	77	41.88
10	1.228	44	9.101	78	43.64
11	1.312	45	9.584	79	45.47
12	1.402	46	10.09	80	47.35
13	1.497	47	10.61	81	49.29
14	1.598	48	11.16	82	51.32
15	1.705	49	11.74	83	53.41
16	1.818	50	12.33	84	55.57
17	1.937	51	12.96	85	57.81
18	2.064	52	13.61	86	60.12
19	2.197	53	14.29	87	62.49
20	2.338	54	15.00	88	64.94
21	2.487	55	15.74	89	67.48
22	2.644	56	16.51	90	70.10
23	2.809	57	17.31	91	72.80
24	2.985	58	18.14	92	75.60
25	3.167	59	19.01	93	78.48
26	3.361	60	19.92	94	81.45
27	3.565	61	20.86	95	84.52
28	3.780	62	21.84	96	87.67
29	4.006	63	22.85	97	90.94
30	4.248	64	23.91	98	94.30
31	4.493	65	25.00	99	97.76
32	4.755	66	26.14	100	101.30
33	5.030	67	27.33		

注：引自 Lide D R，CRC Handbook of Chemistry and Physics，78th Ed. 1997—1998.

附录 5　弱电解质的标准解离常数

名　称	分子式	温度/℃	解离常数 $K_a^{\ominus}/(K_b^{\ominus})$		$pK_a^{\ominus}/(pK_b^{\ominus})$
砷酸	H_3AsO_4	25	$K_{a_1}^{\ominus}$	5.49×10^{-3}	2.26
		25	$K_{a_2}^{\ominus}$	1.74×10^{-7}	6.76
		25	$K_{a_3}^{\ominus}$	5.13×10^{-12}	11.29
亚砷酸	$HAsO_2$	25	$K_a^{\ominus}$	5.13×10^{-10}	9.29
硼酸	H_3BO_3	20	$K_a^{\ominus}$	5.37×10^{-10}	9.27
次氯酸	$HClO$	25	$K_a^{\ominus}$	3.98×10^{-8}	7.40
次溴酸	$HBrO$	25	$K_a^{\ominus}$	2.82×10^{-9}	8.55
次碘酸	HIO	25	$K_a^{\ominus}$	3.16×10^{-11}	10.5
碘酸	HIO_3	25	$K_a^{\ominus}$	1.66×10^{-1}	0.78
高碘酸	HIO_4	25	$K_a^{\ominus}$	2.23×10^{-2}	1.64
高氯酸	$HClO_4$	20	$K_a^{\ominus}$	39.8	-1.6
氢氰酸	HCN	25	$K_a^{\ominus}$	6.17×10^{-10}	9.21
碳酸	H_2CO_3	25	$K_{a_1}^{\ominus}$	4.47×10^{-7}	6.35
		25	$K_{a_2}^{\ominus}$	4.68×10^{-11}	10.33
铬酸	H_2CrO_4	25	$K_{a_1}^{\ominus}$	1.82×10^{-1}	0.74
		25	$K_{a_2}^{\ominus}$	3.23×10^{-7}	6.49
氢氟酸	HF	25	$K_a^{\ominus}$	6.31×10^{-4}	3.20
亚硝酸	HNO_2	25	$K_a^{\ominus}$	5.62×10^{-4}	3.25
磷酸	H_3PO_4	25	$K_{a_1}^{\ominus}$	6.92×10^{-3}	2.16
		25	$K_{a_2}^{\ominus}$	6.17×10^{-8}	7.21
		25	$K_{a_3}^{\ominus}$	4.79×10^{-13}	12.32
氢硫酸	H_2S	25	$K_{a_1}^{\ominus}$	1.3×10^{-7}	6.89
		25	$K_{a_2}^{\ominus}$	7.1×10^{-15}	14.12
硫酸	H_2SO_4(二级解离)	25	$K_{a_2}^{\ominus}$	1.02×10^{-2}	1.99
亚硫酸	H_2SO_3	25	$K_{a_1}^{\ominus}$	1.41×10^{-2}	1.85
		25	$K_{a_2}^{\ominus}$	6.3×10^{-8}	7.2
乙酸	CH_3COOH	25	$K_a^{\ominus}$	1.754×10^{-5}	4.756
氨水	$NH_3 \cdot H_2O$	25	$K_b^{\ominus}$	1.78×10^{-5}	4.75

注：除 H_2S 外，数据引自 Lide D R，CRC Handbook of Chemistry and Physics，87th Ed. CRC Press；Boca Raton，2006.

附录6　常见难溶电解质的溶度积 $K_{sp}^{\ominus}$（298.15 K）

物　质	$K_{sp}^{\ominus}$	物　质	$K_{sp}^{\ominus}$
AgBr	5.35×10^{-13}	$Fe(OH)_2$	4.87×10^{-17}
Ag_2CO_3	8.46×10^{-12}	$Fe(OH)_3$	2.79×10^{-39}
AgCl	1.77×10^{-10}	FeS^*	5.0×10^{-18}
Ag_2CrO_4	1.12×10^{-12}	Hg_2Cl_2	1.43×10^{-18}
AgI	8.52×10^{-17}	Hg_2Br_2	6.40×10^{-23}
Ag_2S^*	2.51×10^{-50}	Hg_2F_2	3.10×10^{-6}
Ag_2SO_3	1.50×10^{-14}	Hg_2I_2	5.2×10^{-29}
Ag_2SO_4	1.20×10^{-5}	Hg_2CO_3	3.6×10^{-17}
AgSCN	1.03×10^{-12}	Hg_2SO_4	6.5×10^{-7}
AgCN	5.97×10^{-17}	$HgBr_2$	6.2×10^{-20}
$Ag_2C_2O_4$	5.40×10^{-12}	HgI_2	2.9×10^{-29}
$Al(OH)_3^*$	2.00×10^{-33}	HgS(黑)*	1.6×10^{-52}
$BaCO_3$	2.58×10^{-9}	HgS(红)*	4.0×10^{-53}
$BaCrO_4$	1.17×10^{-10}	$MgCO_3$	6.82×10^{-6}
$BaSO_4$	1.08×10^{-10}	$Mg(OH)_2$	5.61×10^{-12}
$Be(OH)_2$	6.92×10^{-22}	$Mn(OH)_2^*$	6.3×10^{-15}
$Bi_2S_3^*$	1.0×10^{-97}	MnS^*	1.0×10^{-15}
$CdCO_3$	1.0×10^{-12}	MnS(粉红色)*	2.5×10^{-10}
$Cd(OH)_2$	7.2×10^{-15}	$Ni(OH)_2$	5.48×10^{-16}
CdS(黄色)*	7.94×10^{-27}	NiS^*	2.0×10^{-21}
CdS(红色)*	1.0×10^{-28}	$PbCl_2$	1.70×10^{-5}
$CaCO_3$	3.36×10^{-9}	$PbCO_3$	7.40×10^{-14}
$CaC_2O_4 \cdot H_2O$	2.32×10^{-9}	$PbCrO_4^*$	1.78×10^{-14}
$CaC_2O_4^*$	8.5×10^{-9}	PbF_2	3.3×10^{-8}
CaF_2	3.45×10^{-11}	$PbSO_4$	2.53×10^{-8}
$Ca_3(PO_4)_2$	2.07×10^{-33}	PbS	2.5×10^{-27}
$CaSO_4$	4.93×10^{-5}	PbI_2	9.8×10^{-9}
$Ca(OH)_2$	5.02×10^{-6}	$Pb(OH)_2$	1.43×10^{-20}
$CoCO_3^*$	1.0×10^{-12}	$SrCO_3$	5.60×10^{-10}
$Co(OH)_2$(蓝)	5.92×10^{-15}	$SrSO_4$	3.44×10^{-7}
CoS^*	7.94×10^{-23}	$ZnCO_3$	1.46×10^{-10}
$Cr(OH)_3^*$	1.0×10^{-30}	$Zn(OH)_2$	3×10^{-17}
CuI	1.27×10^{-12}	ZnSe	3.6×10^{-26}
CuS^*	7.9×10^{-36}	ZnF_2	3.04×10^{-2}
$Cu(OH)_2^*$	5.0×10^{-20}	$ZnS(\alpha)^*$	1.6×10^{-24}
CuCl	1.72×10^{-7}	$ZnS(\beta)^*$	2.5×10^{-22}
CuBr	6.27×10^{-9}	$Sn(OH)_2$	5.45×10^{-27}

注：标有 * 的数据引自 Kellner R，et al.，Analytical Chemistry，2nd Ed. Wiley-Vch：Weinheim，2004；其他数据引自 Lide D R，CRC Handbook of Chemistry and Physics，87th Ed. CRC Press：Boca Raton，2006.

附录 7　常见配离子的稳定常数 $K_f^{\ominus}$

配离子	$K_f^{\ominus}$（温度）	配离子	$K_f^{\ominus}$（温度）
$[Ag(CN)_2]^-$	$1.3\times10^{21}(18\ ℃)$	$[Co(NH_3)_6]^{2+}$	1.3×10^5
$[Ag(NH_3)]^+$	$1.6\times10^3(30\ ℃)$	$[Co(NH_3)_6]^{3+}$	2×10^{35}
$[Ag(NH_3)_2]^+$	1.1×10^7	$[Co(CN)_6]^{4-}$	3.2×10^{29}
$[Ag(SCN)_2]^-$	$4.0\times10^7(25\ ℃)$	$[Co(CN)_6]^{3-}$	1.0×10^{48}
$[Ag(S_2O_3)]^-$	$6.3\times10^8(20\ ℃)$	$[Hg(CN)_4]^{2-}$	$2.5\times10^{41}(25\ ℃)$
$[Ag(S_2O_3)_2]^{3-}$	$3.2\times10^{13}(20\ ℃)$	$[HgI_4]^{2-}$	$6.8\times10^{29}(25\ ℃)$
$[AgCl_2]^-$	$5.6\times10^4(25\ ℃)$	$[Hg(NH_3)_4]^{2+}$	1.9×10^{19}
$[AlF_4]^-$	$5.6\times10^{17}(25\ ℃)$	$[Ni(CN)_4]^{2-}$	3.2×10^{15}
$[AlF_6]^{3-}$	$6.9\times10^{19}(25\ ℃)$	$[Ni(NH_3)_4]^{2+}$	8.9×10^7
$[Cu(CN)_4]^{3-}$	$2.0\times10^{30}(25\ ℃)$	$[Ni(NH_3)_6]^{2+}$	7.9×10^8
$[Cu(NH_3)]^{2+}$	$1.4\times10^4(30\ ℃)$	$[Pb(CH_3COO)_4]^{2-}$	3×10^8
$[Cu(NH_3)_2]^{2+}$	$4.5\times10^7(30\ ℃)$	$[Zn(CN)_4]^{2-}$	$7.9\times10^{16}(25\ ℃)$
$[Cu(NH_3)_3]^{2+}$	$3.5\times10^{10}(30\ ℃)$	$[Zn(OH)_4]^{2-}$	$2.8\times10^{15}(25\ ℃)$
$[Cu(NH_3)_4]^{2+}$	$4.7\times10^{12}(30\ ℃)$	$[Zn(NH_3)_4]^{2+}$	2.9×10^9
$[Cu(NH_3)]^+$	1.5×10^6	$[Ni(en)_2]^{2+}$	$1.2\times10^{14}(30\ ℃)$
$[Cu(NH_3)_2]^+$	7.4×10^{10}	$[Ni(en)_3]^{2+}$	$4.0\times10^{18}(30\ ℃)$
$[Fe(CN)_6]^{4-}$	$1.0\times10^{35}(18\ ℃)$	$[Cu(en)_2]^{2+}$	$4.0\times10^{19}(30\ ℃)$
$[Fe(CN)_6]^{3-}$	$1.0\times10^{42}(18\ ℃)$	$[Zn(en)_2]^{2+}$	$2.5\times10^{10}(30\ ℃)$
$[FeF_3]$	$1.1\times10^{12}(25\ ℃)$	$[Cd(en)_2]^{2+}$	$1.0\times10^{10}(30\ ℃)$
$[FeF_6]^{3-}$	$1.0\times10^{16}(25\ ℃)$	$[Cd(en)_3]^{2+}$	$1.2\times10^{12}(30\ ℃)$
$[Cd(CN)_4]^{2-}$	$2.8\times10^{18}(25\ ℃)$	$[Co(en)_3]^{3+}$	$5.0\times10^{48}(30\ ℃)$
$[Cd(NH_3)_4]^{2+}$	1.3×10^{-7}	$[Fe(phen)_3]^{2+}$	1.6×10^{21}

注：引自 Kellner R，et al.，Analytical Chemistry，2nd ed. Wiley-Vch：Weinheim，2004.

附录8　不同温度下若干无机化合物的溶解度(g)
（100 g 水中溶解的最大量）

分子式	温度 $t/℃$								
	0	10	20	30	40	60	80	90	100
AgF	85.9	120	172	190	203	—	—	—	—
$AgNO_2$	0.16	0.22	0.34	0.51	0.73	1.39	—	—	—
$AgNO_3$	122	167	216	265	311	440	585	652	733
Ag_2SO_4	0.57	0.70	0.80	0.89	0.98	1.15	1.30	1.36	1.41
$AlCl_3$	43.9	44.9	45.8	46.6	47.3	48.1	48.6	—	49.0
AlF_3	0.56	0.56	0.67	0.78	0.91	1.1	1.32	—	1.72
$Al(NO_3)_3$	60.0	66.7	73.9	81.8	88.7	106	132	153	160
$Al_2(SO_4)_3$	31.2	33.5	36.4	40.4	45.8	59.2	73.0	80.8	89.0
As_2O_3	1.20	1.49	1.82	2.31	2.93	4.31	6.11	—	8.2
As_2O_5	59.5	62.1	65.8	69.8	71.2	73.0	75.1	—	76.7
$BaBr_2 \cdot 2H_2O$	98	101	104	109	114	123	135	—	149
$BaCl_2 \cdot 2H_2O$	31.2	33.5	35.8	38.1	40.8	46.2	52.5	55.8	59.4
BaF_2	—	0.159	0.160	0.162	—	—	—	—	—
$BaCl_2 \cdot 2H_2O$	182	201	223	250	—	264	—	291	303
$Ba(NO_3)_2$	4.95	6.67	9.02	11.48	14.1	20.4	27.2	—	34.4
$Ba(OH)_2$	1.67	2.48	3.89	5.59	8.22	20.94	101.4	—	—
BaS	2.88	4.89	7.86	10.38	14.89	27.69	49.91	67.34	60.29
$Be(NO_3)_2$	97	102	108	113	125	178	—	—	—
$BeSO_4$	37.0	37.6	39.1	41.4	45.8	53.1	67.2	—	82.8
CS_2	0.204	0.194	0.179	0.155	0.111	—	—	—	—
$CaBr_2 \cdot 6H_2O$	125	132	143	—	213	278	295	—	—
$Ca(C_2H_3O_2)_2 \cdot 2H_2O$	37.4	36.0	34.7	33.8	33.2	32.7	33.5	31.1	29.7
$CaCl_2 \cdot 6H_2O$	59.5	64.7	74.5	100	128	137	147	154	159
$CaCrO_4 \cdot 2H_2O$	17.3	—	16.6	16.1	—	—	—	—	—
$Ca(HCO_3)_2$	16.15	—	16.60	—	17.05	17.50	17.95	—	18.40
CaI_2	64.6	66.0	67.6	69.0	70.8	74	78	—	81

（续）

分子式	温度 t/℃								
	0	10	20	30	40	60	80	90	100
Ca(NO₃)₂·4H₂O	102	115	129	152	191	—	358	—	363
Ca(OH)₂	0.189	0.182	0.173	0.160	0.141	0.121	—	0.086	0.076
CaSO₄·1/2H₂O	—	—	0.32	—	—	—	—	—	0.071
CaSO₄·2H₂O	0.223	0.244	—	0.264	0.265	—	—	—	0.205
CdBr₂	56.3	75.4	98.8	129	152	153	156	—	160
CdI₂·2H₂O	—	135	135	135	135	136	140	—	147
CdI₂	78.7	—	84.7	87.9	92.1	100	111	—	125
Cd(NO₃)₂	122	136	150	167	194	310	713	—	—
CdSO₄	75.4	76.0	76.6	—	78.5	81.8	66.7	63.1	60.8
CoBr₂	91.9	—	112	128	163	227	241	—	257
CoCl₂	43.5	47.7	52.9	59.7	69.5	93.8	97.6	101	106
Co(NO₃)₂	84.0	89.6	97.4	111	125	174	204	300	—
CoSO₄	25.5	30.5	36.1	42.0	48.8	55.0	53.8	45.4	38.9
CoSO₄·7H₂O	44.8	56.3	65.4	73.0	88.1	1.01	—	—	—
CrO₃	164.8	—	167.2	—	172.5	183.9	191.6	—	206.8
CsCl	2.46	175	187	197	208	230	250	260	271
CsI	44.1	58.5	76.5	96	—	150	190	205	—
CsNO₃	9.33	14.9	23.0	33.9	47.2	83.8	134	163	197
Cs₂SO₄	167	173	179	184	190	200	210	215	220
CuBr₂	107	116	126	128	—	—	—	—	—
CuCl₂	68.6	70.9	73.0	77.3	87.6	96.5	104	108	120
CuSO₄·5H₂O	23.1	27.5	32.0	37.8	44.6	61.8	83.8	—	114
FeBr₂	101	109	117	124	133	144	168	176	184
FeCl₂	49.7	59.0	62.5	66.7	70.0	78.3	88.7	92.3	94.9
FeCl₃·6H₂O	74.4	—	91.8	106.8	—	—	—	—	—
Fe(NO₃)₂·9H₂O	112.0	—	137.7	—	175.0	—	—	—	—
FeSO₄·7H₂O	28.8	40.0	48.0	60.0	73.3	100.7	79.9	68.3	57.8
FeSO₄·(NH₄)₂SO₄·6H₂O	17.23	31.0	36.47	45.0	—	—	—	—	—
H₃BO₃	2.67	3.73	5.04	6.72	8.72	14.84	23.62	30.38	40.25
HBr	221.2	210.3	—	—	—	—	—	—	130.0

（续）

分子式	温度 t/℃								
	0	10	20	30	40	60	80	90	100
$H_2C_2O_4$	3.54	6.08	9.52	14.23	21.52	44.32	84.5	120	—
HCl	82.3	77.2	72.1	67.3	63.3	56.1	—	—	—
$HgBr_2$	0.30	0.40	0.56	0.66	0.91	1.68	2.77	—	4.9
$HgCl_2$	3.63	4.82	6.57	8.34	10.2	16.3	30.0	—	61.3
I_2	0.014	0.020	0.029	0.039	0.052	0.100	0.225	0.315	0.445
$KAl(SO_4)_2$	3.00	3.99	5.90	8.39	11.7	24.8	71.0	109	—
KBr	53.6	59.5	65.3	70.7	75.4	85.5	94.9	99.2	104
$KBrO_3$	3.09	4.72	6.91	9.64	13.1	22.7	34.1	—	49.9
$KC_2H_3O_2$	216	233	256	283	324	350	381	398	—
K_2CO_3	105	108	111	114	117	127	140	148	156
$K_2C_2O_4$	25.5	31.9	36.4	39.9	43.8	53.2	63.6	69.2	75.3
KCl	28.0	31.2	34.2	37.2	40.1	45.8	51.3	53.9	56.3
$KClO_3$	3.3	5.2	7.3	10.1	13.9	23.8	37.6	46.0	56.3
$KClO_4$	0.76	1.06	1.68	2.56	3.73	7.3	13.4	17.7	22.3
K_2CrO_4	56.3	60.0	63.7	66.7	67.8	70.1	—	74.5	—
$K_2Cr_2O_7$	4.7	7.0	12.3	18.1	26.3	45.6	73.0	—	—
KF	44.7	53.5	94.9	108	138	142	150	—	—
$K_3[Fe(CN)_6]$	30.2	38	46	53	59.3	70	—	—	91
$K_4[Fe(CN)_6]$	14.3	21.1	28.2	35.1	41.4	54.8	66.9	71.5	74.2
$KHCO_3$	22.5	27.4	33.7	39.9	47.5	65.6	—	—	—
KH_2PO_4	14.8	18.3	22.6	28.0	33.5	50.2	70.4	83.5	—
$KHSO_4$	36.2	—	48.6	54.3	61.0	76.4	96.1	—	122
KI	128	136	144	153	162	176	192	198	206
KIO_3	4.60	6.27	8.08	10.3	12.6	18.3	24.8	—	32.3
KIO_4	0.17	0.28	0.42	0.65	1.0	2.1	4.4	5.9	—
$KMnO_4$	2.83	4.31	6.34	9.03	12.6	22.1	—	—	—
KNO_2	279	292	306	320	329	348	376	390	410
KNO_3	13.9	21.2	31.6	45.3	61.3	106	167	203	245
KOH	95.7	103	112	126	134	154	—	—	178
K_3PO_4	—	81.5	92.3	108	133	—	—	—	—

(续)

分子式	温度 $t/℃$								
	0	10	20	30	40	60	80	90	100
$K_2[PtCl_6]$	0.48	0.60	0.78	1.00	1.36	2.45	3.71	—	5.03
KSCN	177	198	224	255	289	372	492	571	675
K_2SO_3	106	—	106	107	107	108	—	—	112
K_2SO_4	7.4	9.3	11.1	13.0	14.8	18.2	21.4	22.9	24.1
$K_2S_2O_3$	96	—	155	175	205	238	293	312	—
$K_2S_2O_8$	1.65	2.67	4.70	7.75	11.0	—	—	—	—
LiBr	143	147	160	183	211	223	245	—	266
Li_2CO_3	1.54	1.43	1.33	1.26	1.17	1.01	0.85	—	0.72
LiCl	69.2	74.5	83.5	86.2	89.9	98.4	112	121	128
$LiNO_3$	53.4	60.8	70.1	138	152	175	—	—	—
LiOH	11.91	12.11	12.35	12.70	13.22	14.63	16.56	—	19.12
Li_2SO_4	36.1	35.5	34.8	34.2	33.7	32.6	31.4	30.9	—
$MgBr_2$	98	99	101	104	106	112	—	—	125
$MgCl_2$	52.9	53.6	54.6	55.8	57.5	61.0	66.1	69.5	73.3
MgI_2	120	—	140	—	173	—	186	—	—
$Mg(NO_3)_2$	62.1	66.0	69.5	73.6	78.9	78.9	91.6	106	—
$MgSO_3$	0.339	0.446	0.573	0.751	0.959	0.779	0.642	0.622	—
$MgSO_4$	22.0	28.2	33.7	38.9	44.5	54.6	55.8	52.9	50.4
$MnBr_2$	127	136	147	157	169	197	225	226	228
MnC_2O_4	0.020	0.024	0.028	0.033	—	—	—	—	—
$MnCl_2$	63.4	68.1	73.9	80.8	88.5	109	113	114	115
MnF_2	—	—	1.06	—	0.67	0.44	—	—	0.48
$Mn(NO_3)_2$	102	118	139	206	—	—	—	—	—
$MnSO_4$	52.9	59.7	62.9	62.9	60.0	53.6	45.6	40.9	35.3
$NH_4Al(SO_4)_2$	2.10	5.00	7.74	10.9	14.9	26.7	—	—	—
NH_4Br	60.5	68.1	76.4	83.2	91.2	108	125	135	145
$(NH_4)_2C_2O_4$	2.2	3.21	4.45	6.09	8.18	14.0	22.4	27.9	34.7
NH_4Cl	29.4	33.2	37.2	41.4	45.8	55.3	65.6	71.2	77.3
NH_4ClO_4	12.0	16.4	21.7	27.7	34.6	49.9	68.9	—	—
$(NH_4)_2CrO_4$	25.0	29.2	34.0	39.3	45.3	59.0	76.1	—	—

（续）

分子式	温度 t/℃								
	0	10	20	30	40	60	80	90	100
$(NH_4)_2Cr_2O_7$	18.2	25.5	35.6	46.5	58.5	86.0	115	—	156
$NH_4Cr(SO_4)_2$	3.95	—	—	18.8	32.6	—	—	—	—
$(NH_4)_2Fe(SO_4)_2$	12.5	17.2	26.4	33	46	—	—	—	—
NH_4HCO_3	11.9	16.1	21.7	28.4	36.6	59.2	109	170	354
$NH_4H_2PO_4$	22.7	29.5	37.4	46.4	56.7	82.5	118	—	173
$(NH_4)_2HPO_4$	42.9	62.9	68.9	75.1	81.8	97.2	—	—	—
NH_4I	155	163	172	182	191	209	229	—	250
$(NH_4)_2Mg(SO_4)_2$	11.8	14.6	18.0	21.7	25.8	35.1	48.3	—	65.7
NH_4NO_3	118	150	192	242	297	421	580	740	871
$(NH_4)Ni(SO_4)_2$	1.00	4.00	6.50	9.20	12.0	17.0	—	—	—
NH_4SCN	120	144	170	208	234	346			
$(NH_4)_2SO_3$	47.9	54.0	60.8	68.8	78.4	104	144	150	153
$(NH_4)_2SO_4$	70.6	73.0	75.4	78.0	81	88	95	—	103
NH_4VO_3	—	—	0.48	0.84	1.32	2.42	—	—	—
$(NH_4)_2Zn(SO_4)_2$	7.0	9.5	12.5	16.0	20.0	30.0	46.6	58.0	72.4
$Na_2B_4O_7$	1.11	1.60	2.56	3.86	6.67	19.0	31.4	41.0	52.5
$NaBr$	80.2	85.2	90.8	98.4	107	118	120	121	121
$NaBrO_3$	24.2	30.3	36.4	42.6	48.8	62.6	75.7	—	90.8
$NaC_2H_3O_2$	36.2	40.8	46.4	54.6	65.6	139	153	161	170
$NaCN$	40.8	48.1	58.7	71.2	—	—	—	—	—
Na_2CO_3	7.00	12.5	21.5	39.7	49.0	46.0	43.9	43.9	—
$Na_2C_2O_4$	2.69	3.05	3.41	3.81	4.18	4.93	5.71	—	6.50
$NaCl$	35.7	35.8	35.9	36.1	36.4	37.1	38.0	38.5	39.2
$NaClO$	29.4	36.4	53.4	100	110	—	—	—	—
$NaClO_3$	79.6	87.6	95.9	105	115	137	167	184	204
$NaClO_4$	167	183	201	222	245	288	306	—	329
Na_2CrO_4	31.7	50.1	84.0	88.0	96.0	115	125	—	126
$Na_2Cr_2O_7$	163	172	183	198	215	269	376	405	415
NaF	3.66	—	4.06	4.22	4.40	4.68	4.89	—	5.08
Na_2HAsO_4	5.9	13.0	33.9	49.3	69.5	144	186	188	198

（续）

分子式	温度 t/℃								
	0	10	20	30	40	60	80	90	100
$NaHCO_3$	7.0	8.1	9.6	11.1	12.7	16.0	—	—	—
NaH_2PO_4	56.5	69.8	86.9	107	133	172	211	234	—
Na_2HPO_3	418	424	429	566	—	—	—	—	—
Na_2HPO_4	1.68	3.53	7.83	22.0	55.3	82.8	92.3	102	104
NaI	159	167	178	191	205	257	295	—	302
$NaIO_3$	2.48	4.59	8.08	10.7	13.3	19.8	26.6	29.5	33.0
$NaIO_4$	1.83	5.4	10.3	19.9	30.4	—	—	—	—
Na_2MoO_4	44.1	64.7	65.3	66.9	68.6	71.8	—	—	—
$NaNO_2$	71.2	75.1	80.8	87.6	94.9	111	133	—	160
$NaNO_3$	73.0	80.8	87.6	94.9	102	122	148	—	180
$NaOH$	—	98	109	119	129	174	—	—	—
Na_3PO_4	4.5	8.2	12.1	16.3	20.2	29.9	60.0	68.1	77.0
Na_2S	9.6	12.1	15.7	20.5	26.6	39.1	55.0	65.3	—
$NaSCN$	—	111	134	164	176	192	210	218	—
Na_2SO_3	14.4	19.5	26.3	35.5	37.2	32.6	29.4	27.9	—
Na_2SO_4	4.9	9.1	19.5	40.8	48.8	45.3	43.7	42.7	42.5
$Na_2SO_4 \cdot 7H_2O$	19.5	30.0	44.1	—	—	—	—	—	—
$Na_2S_2O_3 \cdot 5H_2O$	50.2	59.7	70.1	83.2	104	—	—	—	—
$Na_2[SiF_6]$	4.35	5.7	7.2	8.6	10.3	14.3	18.7	21.5	24.5
$NaVO_3$	—	—	19.3	22.5	26.3	33.0	40.8	—	—
Na_2WO_4	71.5	—	73.0	—	77.6	—	90.8	—	97.2
$NiBr_2$	113	122	131	138	144	153	154	—	155
$NiCl_2$	53.4	56.3	60.8	70.6	73.2	81.2	86.6	—	87.6
NiF_2	—	2.55	2.56	—	—	2.56	—	2.59	—
NiI_2	124	135	148	161	174	184	187	188	—
$NiSO_4 \cdot 7H_2O$	26.2	32.4	37.7	43.4	50.4	—	—	—	—
$PbBr_2$	0.45	0.63	0.86	1.12	1.50	2.29	3.23	3.86	4.55
$Pb(C_2H_3O_2)_2$	19.8	29.5	44.3	69.8	116	—	—	—	—
$PbCl_2$	0.67	0.82	1.00	1.20	1.42	1.94	2.54	2.88	3.20
PbI_2	0.044	0.056	0.069	0.090	0.124	0.193	0.294	—	0.42

（续）

分子式	温度 $t/℃$								
	0	10	20	30	40	60	80	90	100
$Pb(NO_3)_2$	37.5	46.2	54.3	63.4	72.1	91.6	111	—	133
$RbBr$	90	99	108	119	132	158	—	—	—
$RbCl$	77	84	91	98	104	115	127	133	143
$RbNO_3$	19.5	33.0	52.9	81.2	117	200	310	374	452
Rb_2SO_4	37.5	42.6	48.1	53.6	58.5	67.5	75.1	78.6	81.8
$SbCl_3$	602	—	910	1 087	1 368	—	—	—	—
SbF_3	385	—	444	562	—	—	—	—	—
SnI_2	—	—	0.99	1.17	1.42	2.11	3.04	3.58	4.20
$SrBr_2$	85.2	93.4	102	112	123	150	182	—	223
$SrCl_2$	43.5	47.7	52.9	58.7	65.3	81.8	90.5	—	101
$SrCrO_4$	—	0.085	0.090	—	—	—	0.058	—	—
SrF_2	0.011 3	—	0.011 7	0.011 9	—	—	—	—	—
SrI_2	165	—	178	—	192	218	270	365	383
$Sr(NO_3)_2$	39.5	52.9	69.5	88.7	89.4	93.4	96.9	98.4	—
SrO	—	—	—	1.03	1.05	3.40	9.15	13.13	12.15
$Sr(OH)_2$	0.91	1.25	1.77	2.64	3.95	8.42	20.2	44.5	91.5
$SrSO_4$	0.011 3	0.012 9	0.013 2	0.013 8	0.014 1	0.013 1	0.011 6	0.011 5	—
$ZnBr_2$	389	—	446	528	591	618	645	—	672
$ZnCl_2$	342	363	395	437	452	488	541	—	614
$ZnSO_4$	41.6	47.2	53.8	61.3	70.5	75.4	71.1	—	60.5

注：引自 John A Dean，Lange's Handbook of Chemistry，13th Ed，1985.

附录 9　常见物质的颜色

1. 盐类

物　质	颜　色	物　质	颜　色
$Ag_2C_2O_4$	白色	$BaHPO_4$	白色
Ag_2CO_3	白色	BaS_2O_3	白色
Ag_2CrO_4	砖红色	$BaSO_3$	白色
$Ag_2S_2O_3$	白色(易分解)	$BaSO_4$	白色
Ag_2SO_3	白色	$Bi(OH)CO_3$	白色
Ag_2SO_4	白色	Bi_2S_3	棕黑色
Ag_2S	灰黑色	BiI_3	棕色
Ag_3AsO_3	黄色	$BiOCl$	白色
Ag_3AsO_4	褐色	$BiONO_3$	白色
Ag_3PO_4	黄色	$BiPO_4$	白色
$Ag_4P_2O_7$	白色	$Ca_3(PO_4)_2$	白色
$AgBr$	淡黄色	CaC_2O_4	白色
$AgCl$	白色	$CaCO_3$	白色
$AgCN$	白色	CaF_2	白色
AgI	黄色	$CaHPO_4$	白色
$AgNO_2$	白色	$CaSiO_3$	白色
$AgPO_3$	白色	$CaSO_3$	白色
$AgSCN$	白色	$CaSO_4$	白色
$AlPO_4$	白色	$Cd_3(PO_4)_2$	白色
As_2S_3	黄色	CdC_2O_4	白色
As_2S_5	黄色	$CdCO_3$	白色
$3Be(OH)_2 \cdot BeCO_3$	白色	CdS	黄色
$Ba_3(PO_4)_2$	白色	$Co(OH)Cl$	蓝色
BaC_2O_4	白色	$Co_3(PO_4)_2$	紫色
$BaCO_3$	白色	$Co[Hg(SCN)_4]$	蓝色
$BaCrO_4$	黄色	CoS	黑色

（续）

物 质	颜 色	物 质	颜 色
$CrPO_4$	灰绿色	HgI_2	红色
$Cu(IO_3)_2$	淡蓝色	$HgNH_2Cl$	白色
$Cu_2(OH)_2CO_3$	淡蓝色	$HgO \cdot HgNH_2I$	红褐色
$Cu_2(OH)_2SO_4$	淡蓝色	$HgO \cdot HgNH_2NO_3$	白色
$Cu_2[Fe(CN)_6]$	红棕色	HgS	黑色
Cu_2S	深棕色	$K_2[PtCl_6]$	黄色
$Cu_3(PO_4)_2$	淡蓝色	$K_2Na[Co(NO_2)_6]$	黄色
$Cu_3[Fe(CN)_6]_2$	绿色	$K_3[Co(NO_2)_6]$	黄色
$CuBr$	白色	$K[B(C_6H_5)_4]$	白色
$CuCl$	白色	$KClO_4$	白色
$CuCN$	白色	$KHC_4H_4O_6$	白色
CuI	白色	Li_2CO_3	白色
$CuSCN$	白色	$Li_3PO_4 \cdot 5H_2O$	白色
CuS	黑色	LiF	白色
$Fe_2[Fe(CN)_6]$	白色	$Mg_2(OH)_2CO_3$	白色
$Fe_3[Fe(CN)_6]_2$（滕氏蓝）	蓝色	$Mg_3(PO_4)_2$	白色
$Fe_4[Fe(CN)_6]_3$（普鲁士蓝）	蓝色	MgC_2O_4	白色
$FeC_2O_4 \cdot 2H_2O$	黄色	$MgCO_3$	白色
$FeCO_3$	白色(不稳定)	MgF_2	白色
$FePO_4$	淡黄色	$MgHPO_4$	白色
FeS	黑色	$MgNH_4AsO_4$	白色
$3Hg(NO_3)_2 \cdot 2HgS$	白色	$MgNH_4PO_4$	白色
$Hg(SCN)_2$	白色	$Mn_3(PO_4)_2$	白色
$Hg_2(SCN)_2$	白色	MnC_2O_4	白色
Hg_2Cl_2	白色	$MnCO_3$	白色
Hg_2CrO_4	红褐色	MnS	肉红色
Hg_2I_2	绿色	$Na[Sb(OH)_6]$	白色
Hg_2SO_4	白色	$NaBiO_3$	土黄色
Hg_2S	黑色	$NaZn(UO_2)_3(Ac)_3 \cdot 9H_2O$	淡黄绿色
$HgCl_2 \cdot 2HgS$	白色	$(NH_4)_3AsO_4 \cdot 12MoO_3 \cdot 6H_2O$	黄色
$HgCrO_4$	黄色	$(NH_4)_3PO_4 \cdot 12MoO_3 \cdot 6H_2O$	黄色

(续)

物　质	颜　色	物　质	颜　色
$Ni_2(OH)_2SO_4$	绿色	SbOCl	白色
$Ni_3(PO_4)_2$	绿色	$Sn(OH)Cl$	白色
$NiCO_3$	绿色	SnS_2	土黄色
NiS	黑色	SnS	棕色
$Pb(OH)_2 \cdot 2PbCO_3$	白色	$Sr_3(PO_4)_2$	白色
$Pb_3(PO_4)_2$	白色	SrC_2O_4	白色
$PbBr_2$	白色	$SrCO_3$	白色
PbC_2O_4	白色	$SrCrO_4$	黄色
$PbCl_2$	白色	$SrHPO_4$	白色
$PbCO_3$	白色	$SrSO_4$	白色
$PbCrO_4$	黄色	$3Zn(OH)_2 \cdot 2ZnCO_3$	白色
PbI_2	黄色	$Zn_3(PO_4)_2$	白色
$PbSO_4$	白色	$Zn[Hg(SCN)_4]$	白色
PbS	黑色	$ZnCO_3$	白色
Sb_2S_3	橙红色	ZnS	白色
Sb_2S_5	橙红色		

2. 氧化物、酸和碱

物　质	颜　色	物　质	颜　色
Ag_2O	暗棕色	$Bi(OH)_3$	白色
Al_2O_3	白色	CaO	白色
$Al(OH)_3$	白色	$Ca(OH)_2$	白色
As_2O_3	白色	CdO	棕色
Au_2O_3	棕色	$Cd(OH)_2$	白色
$Au(OH)_3$	黄棕色	CoO	灰绿色
B_2O_2	白色	Co_2O_3	褐色
BaO	白色	$Co(OH)_2$	粉红色
BeO	白色	$Co(OH)_3$	褐棕色
$Be(OH)_2$	白色	CrO_3	深红色
Bi_2O_3	黄色	Cr_2O_3	绿色

（续）

物　质	颜　色	物　质	颜　色
$Cr(OH)_3$	灰蓝色	$MnO(OH)_2$	棕褐色
CuO	黑色	NiO	暗绿色
Cu_2O	暗红色	Ni_2O_3	黑色
$Cu(OH)_2$	浅蓝色	$Ni(OH)_2$	浅绿色
FeO	黑色	$Ni(OH)_3$	黑色
Fe_2O_3	砖红色	PbO	黄色
$Fe(OH)_2$	白色或苍绿色	PbO_2	棕色
$Fe(OH)_3$	红棕色	Pb_3O_4	红色
H_3AsO_3	白色	$Pb(OH)_2$	白色
H_3BO_3	白色	Sb_2O_3	白色
H_2MoO_4	白色	$Sb(OH)_3$	白色
$H_2MoO_4 \cdot H_2O$	黄色	SnO	黑、绿色
H_2SiO_3	白色	SnO_2	白色
H_2WO_4	黄色	$Sn(OH)_2$	白色
$H_2WO_4 \cdot xH_2O$	白色	$Sn(OH)_4$	白色
HgO	黄、红色	SrO	白色
Hg_2O	黑色	$Sr(OH)_2$	白色
MgO	白色	TiO_2	白色
$Mg(OH)_2$	白色	V_2O_5	橙黄、砖红色
MnO_2	棕色	ZnO	白色
$Mn(OH)_2$	白色	$Zn(OH)_2$	白色

3. 离子的颜色(水溶液中)

物　质	颜　色	物　质	颜　色
Ag^+	无色	AsO_4^{3-}	无色
$[Ag(CN)_2]^-$	无色	AsS_3^{3-}	无色
$[Ag(NH_3)_2]^+$	无色	AsS_4^{3-}	无色
$[Ag(S_2O_3)_2]^{3-}$	无色	Au^{3+}	黄色
Al^{3+}	无色	$B_4O_7^{2-}$	无色
AlO_2^-	无色	Ba^{2+}	无色
AsO_3^{3-}	无色	Be^{2+}	无色

（续）

物　质	颜　色	物　质	颜　色
Bi^{3+}	无色	$[CuBr_4]^{2-}$	绿色
Br^-	无色	$[CuCl_4]^{2-}$	黄色
BrO^-	无色	$[Cu(NH_3)_2]^+$	无色
BrO_3^-	无色	$[Cu(NH_3)_4]^{2+}$	深蓝色
CH_3COO^-	无色	CuO_2^{2-}	蓝色
$C_4H_4O_6^{2-}$	无色	F^-	无色
CN^-	无色	Fe^{2+}	淡绿色
CO_3^{2-}	无色	Fe^{3+}	无色（高浓度时为淡紫色）
$C_2O_4^{2-}$	无色		
Ca^{2+}	无色	$[Fe(CN)_6]^{3-}$	黄棕色
$[Cd(CN)_4]^{2-}$	无色	$[Fe(CN)_6]^{4-}$	黄绿色
$[Cd(NH_3)_4]^{2+}$	无色	$[Fe(C_2O_4)_3]^{3-}$	黄绿色
Cl^-	无色	$[FeCl_6]^{3-}$	黄色
ClO_3^-	无色	$[FeF_6]^{3-}$	无色
ClO_4^-	无色	$[Fe(HPO_4)_2]^-$	无色
Co^{2+}	玫瑰红色	$[Fe(SCN)]^{2+}$	血红色
$[Co(CN)_6]^{3-}$	黄色	H^+	无色
$[Co(CN)_6]^{4-}$	紫红色	HCO_3^-	无色
$[Co(NH_3)_6]^{2+}$	橙黄色	$HC_2O_4^-$	无色
$[Co(NH_3)_6]^{3+}$	暗红色	$HC_4H_4O_6^-$	无色
$[Co(SCN)_4]^{2-}$	黄色（戊醇、乙醚中较稳定）	HPO_3^{2-}	无色
		HPO_4^{2-}	无色
Cr^{2+}	蓝色	$H_2PO_4^-$	无色
Cr^{3+}	蓝紫色	HSO_3^-	无色
$[Cr(NH_3)_6]^{3+}$	黄色	HSO_4^-	无色
CrO_2^-	绿色	Hg^{2+}	无色
CrO_4^{2-}	黄色	Hg_2^{2+}	无色
$Cr_2O_7^{2-}$	橙色	$[HgBr_4]^{2-}$	无色
Cu^+	无色	$[HgCl_4]^{2-}$	无色
Cu^{2+}	淡蓝色	$[HgI_4]^{2-}$	无色

（续）

物 质	颜 色	物 质	颜 色
$[Hg(SCN)_4]^{2-}$	无色	SO_3^{2-}	无色
I^-	无色	SO_4^{2-}	无色
I_3^-	棕色	$S_2O_3^{2-}$	无色
K^+	无色	$S_2O_4^{2-}$	无色
Li^+	无色	Sb^{3+}	无色
Mg^{2+}	无色	SbO_3^{3-}	无色
Mn^{2+}	浅粉红色	SbO_4^{3-}	无色
MnO_4^-	紫色	SbS_3^{3-}	无色
MnO_4^{2-}	绿色	SbS_4^{3-}	无色
MoO_4^{2-}	无色	SiO_3^{2-}	无色
NH_4^+	无色	Sn^{2+}	无色
NO_2^-	无色	SnO_2^{2-}	无色
NO_3^-	无色	SnO_2^{3-}	无色
Na^+	无色	SnS_2^{3-}	无色
Ni^{2+}	绿色	Sr^{2+}	无色
$[Ni(CN)_4]^{2-}$	黄色	Ti^{3+}	紫色
$[Ni(NH_3)_6]^{2+}$	蓝紫色	Ti^{4+}	无色
OH^-	无色	UO_2^{2+}	黄色发绿色荧光
PO_3^-	无色	V^{2+}	紫色
PO_4^{3-}	无色	V^{3+}	绿色
$P_2O_7^{4-}$	无色	VO^{2+}	蓝色
Pb^{2+}	无色	VO_3^-	黄色
$PbCl_4^{2-}$	无色	WO_4^{2-}	无色
PbO_2^{2-}	无色	Zn^{2+}	无色
S^{2-}	无色	$[Zn(NH_3)_4]^{2+}$	无色
SCN^-	无色	ZnO_2^{2-}	无色

附录 10　常用试剂溶液的配制

1. 常用酸、碱指示剂溶液及其配制方法

指示剂	变色范围(pH)	酸色	碱色	配制方法
甲基橙	3.1～4.4	红	黄	0.1 g 溶于 100 mL 水中
甲基红	4.4～6.2	红	黄	0.1 g 溶于 100 mL 乙醇(60%)
石蕊	5.0～8.0	红	蓝	0.5 g 溶于 100 mL 水中
溴百里酚蓝	6.0～7.6	黄	蓝	0.1 g 溶于 100 mL 乙醇(20%)
酚酞	8.2～10.0	无色	红	0.5 g 溶于 100 mL 乙醇(90%)
百里酚酞	9.4～10.6	无色	蓝	0.1 g 溶于 100 mL 乙醇(90%)

2. 实验室中某些常用试剂溶液的配制

试剂	浓度/(mol·L^{-1})	配制方法
Na_2S	1	称取 240 g $Na_2S \cdot 9H_2O$，40 g NaOH 溶于适量水中，稀释至 1 L 混匀
$SnCl_2$	0.25	称取 56.4 g $SnCl_2 \cdot 2H_2O$ 溶于 100 mL 浓 HCl 中，加水稀释至 1 L，在溶液中放几粒纯锡(亦可将锡溶解于一定量的浓 HCl 中配制)
$FeCl_3$	0.5	称取 135.2 g $FeCl_3 \cdot 6H_2O$ 溶于 100 mL 6 mol·L^{-1} HCl 中，加水稀释至 1 L
$FeSO_4$	0.25	称取 69.5 g $FeSO_4 \cdot 7H_2O$ 溶于适量水中，加入 5 mL 18 mol·L^{-1} H_2SO_4，再加水稀释至 1 L，并放入小铁钉数枚
Na_2SO_3	0.1	称取 12.6 g Na_2SO_3 溶于适量水中，加入 1 mL 浓 H_2SO_4，稀释至 1 L
Cl_2 水		在水中通入 Cl_2 直至饱和，该溶液使用时临时配制
Br_2 水		在水中滴入液态 Br_2 至饱和
I_2 液	0.01	将 2.5 g I_2 和 3 g KI 溶解在尽可能少量的水中，待 I_2 完全溶解后稀释至 1 L
品红溶液		配成 0.1% H_2O 溶液
丁二酮肟		1 g 丁二酮肟溶于 100 mL 95% C_2H_5OH 中
淀粉溶液		将 2 g 淀粉和少量冷 H_2O 调成糊状，然后倾入 200 mL 沸水中，继续煮沸至溶液完全透明，冷却即可

主要参考文献

崔爱莉 . 2007. 基础无机化学实验 . 北京：高等教育出版社 .

大连理工大学无机化学教研室 . 2004. 无机化学实验 . 2 版 . 北京：高等教育出版社 .

韩梅，唐树戈 . 2003. 普通化学实验 . 北京：中国农业出版社 .

胡春燕，周德红 . 2008. 普通化学实验 . 天津：天津科学技术出版社 .

李生英，白林，徐飞 . 2007. 无机化学实验 . 北京：化学工业出版社 .

李志林，马志领，翟永清 . 2007. 无机及分析化学实验 . 北京：化学工业出版社 .

孙英，王春娜 . 2009. 普通化学实验 . 2 版 . 北京：中国农业出版社 .

王克强，王捷，吴本芳 . 2001. 新编无机化学实验 . 上海：华东理工大学出版社 .

文利柏，虎玉森 . 2010. 无机化学实验 . 北京：化学工业出版社 .

吴惠霞 . 2008. 无机化学实验 . 北京：科学出版社 .

吴建中 . 2008. 无机化学实验 . 北京：化学工业出版社 .

吴茂英，肖楚民 . 2006. 微型无机化学实验 . 北京：化学工业出版社 .

徐家宁，门瑞芝，张寒琦 . 2006. 基础化学实验（上册，无机化学和化学分析实验）. 北京：
高等教育出版社 .

徐琰，何占航 . 2002. 无机化学实验 . 郑州：郑州大学出版社 .

中山大学，等校 . 2003. 无机化学实验 . 3 版 . 北京：高等教育出版社 .

图书在版编目（CIP）数据

普通化学实验 / 胡春燕，李艳霞主编 . —北京：
中国农业出版社，2016.6（2017.8 重印）
全国高等农林院校"十三五"规划教材
ISBN 978 - 7 - 109 - 21574 - 0

Ⅰ.①普⋯　Ⅱ.①胡⋯ ②李⋯　Ⅲ.①化学实验-高
等学校-教材　Ⅳ.①O6 - 3

中国版本图书馆 CIP 数据核字（2016）第 072353 号

中国农业出版社出版
（北京市朝阳区麦子店街 18 号楼）
（邮政编码 100125）
责任编辑　曾丹霞

北京中兴印刷有限公司印刷　新华书店北京发行所发行
2016 年 6 月第 1 版　2017 年 8 月北京第 2 次印刷

开本：720mm×960mm　1/16　印张：7.5
字数：128 千字
定价：16.50 元
（凡本版图书出现印刷、装订错误，请向出版社发行部调换）